李响 费腾 王丽娜 著

测绘出版社
·北京·

内容简介

地理信息系统（GIS）是一种兼容存储、管理、分析、显示与应用地理信息的计算机系统，是分析和处理海量地理数据的通用技术。GIS 作为一种空间信息处理和分析工具，已经在数字地球、智慧城市等建设中发挥了重要作用。

本书立足培育 GIS 人才、普及 GIS 知识，以提升读者特别是青少年读者的科学素养为目标。通过漫画、图文等形式，以诙谐易懂的方式勾勒 GIS 的前世今生，多方位普及 GIS 的发展历史以及空间参考系、地理数据源、空间可视化和应用等知识。为丰富服务形式，提高内容趣味性，该书配有动画视频。

读者可以跟着主人公“小瓦”的脚步，以深入浅出的方式，认识 GIS 领域具有突出贡献的专家学者，了解相关技术发展脉络，收获地理信息系统的相关知识。

图书在版编目（CIP）数据

大话 GIS / 李响，费腾，王丽娜著 . -- 北京 : 测绘出版社 , 2023.12

ISBN 978-7-5030-4505-9

Ⅰ . ①大… Ⅱ . ①李… ②费… ③王… Ⅲ . ①地理信息系统 - 青少年读物 Ⅳ . ① P208.2-49

中国国家版本馆 CIP 数据核字 (2023) 第 244118 号

大话 GIS　**DAHUA GIS**

责任编辑	吴　芸	融媒体策划	郭玉婷
融媒体编辑	叶慧琳　王佳嘉	视频剪辑	刘　洋　王　川
封面设计	李　伟	责任印制	陈姝颖

出版发行	测绘出版社	电　　话	010–68580735(发行部) 010–68531363(编辑部)
地　　址	北京市西城区三里河路 50 号		
邮政编码	100045	网　　址	https://chs.sinomaps.com
电子信箱	smp@sinomaps.com	经　　销	新华书店
成品规格	148mm × 210mm	印　　刷	北京华联印刷有限公司
印　　张	5.25	字　　数	150 千字
版　　次	2023 年 12 月第 1 版	印　　次	2023 年 12 月第 1 次印刷
印　　数	0001–3000	定　　价	48.00 元

书　　号　ISBN 978-7-5030-4505-9
审 图 号　GS (2023) 4628 号

序 一

用通俗连环画介绍前沿科技，是这几年新兴的一种艺术，一种图解的科普读物，很受读者的欢迎，小读者和大读者都喜欢。李响等关于 GIS 的画册就是一次有益的尝试。

GIS 从 20 世纪 60 年代提出，逐渐把地图、空天影像、三维图像、动画技术、数据和文字融为一体，有效地改变和提高了我们空间认知的效果，一时风行全球，成为中外各行各业关注的热点，地图学也因此获得了新的生命。近年来计算科学、神经科学和人工智能技术的发展又从文化和意识形态上提高了 GIS 的应用力度，成为跨学科文理交叉的有效工具。图解这一前沿科学已然十分必要。

连环画册以其特有形象的人物和画风见称，才能延续数年而不衰，成为祖孙几代人的读物。从画册的创意上已看到了作者的努力和期望。鼓励作者，传统与创新结合，一定能绘出更加丰富多彩的作品。

高俊　中国科学院院士

2023 年 11 月 10 日

序 二

相信我们每一个人对地图都不陌生，它帮助我们认识世界、了解城市、引路导航……。GIS 是数字化的地图，是信息时代的地图学。因为数字化，GIS 载负着比纸质地图更丰富的信息，展示了比传统地图学更广泛的应用。在过去的几十年里，GIS 已经在我们的经济发展、社会治理和日常生活中扮演了不可或缺的角色，从城市规划到交通管理，从物流配送到自驾旅游，我们几乎每天都在使用 GIS，都得到 GIS 的帮助。然而，这只是一个开始。未来的城市将更加智能，未来的社会将更加互联，智慧交通、自动驾驶、机器人配送、智慧楼宇、数字孪生城市……，GIS 将帮助我们创造更加高效、环保、宜居的生活环境，让我们的生活更加便捷和丰富多彩，让社会经济活动更加高效、优质、低碳。更激动人心的是，GIS 应用将扩展到深空、深海、深地探索领域，在这些前沿领域中，GIS 帮助人类分析外太空的空间信息，指导深海的探索任务，挖掘深地的地球秘密，真正是未来可期。

在这本科普漫画读物中，你将看到 GIS 是如何从人类对自身环境的理解和表达中起源并发展，从最初的地图绘制，演变为今天这样一个多维、动态、包罗万象的系统。这一变迁不仅展示了技术的进步，也反映了我们对世界认知的深化。你将跟随小瓦的脚步，领略地图的变迁史，了解空间分析如何成为现代 GIS 的核心。这本书还以简化的方式介绍了现代 GIS 相关数据的收集、处理和分析过程，并通过直观生动的方式体现 GIS 如何将复杂的数据转换为易于理解和把握的信息，使得决策更加科学。虽是一本漫画读物，本书中的一些细节也都可查可考，幽默但不失严谨。我想对作者团队表示感谢，感谢他们将这门重要的学科知识以生动有趣的方式传递给更广泛的读者。

作为 GIS 领域的一位教育工作者，我一直致力于 GIS 理论和技术的普及和应用。我相信，通过像《大话 GIS》这样的科普读物，我们能够激发更多年轻人对这一领域的兴趣，吸引更多年轻人投身地理信息科学事业，这不仅是个人科学兴趣亦或职业选择问题，更是国家的需要，未来数字社会和智慧城市建设的需要；我相信，无论你是对 GIS 感兴趣的中学生，还是非专业背景的大学生，或者 GIS 相关的从业者，甚至正在讲授 GIS 课程的老师，都能从这本书中获得知识和灵感。

祝你们阅读愉快！

郭仁忠　深圳大学教授，中国工程院院士

2023 年 11 月 15 日

前 言

用最通俗的话讲最深刻的道理。一直以来，我都觉得这是一种境界。从 2000 年大学录取通知书上的十二个字“地图制图学与地理信息工程”进入我的眼帘开始，冥冥中，这二十三年我似乎都在一张纸上反复地勾勒“什么是地理信息系统”。

还记得，接到录取通知书后，我丢掉了几乎所有的高中课本，唯独留下一本地理书，在去往大学的火车上煞有介事地阅读，阅读了什么已全然忘记，只记得自己在记各个国家的国旗，甚是可笑。还记得，本科求学期间，在翻开教科书的时候，一句“网络地理信息系统将使地理信息系统走进千家万户！”一瞬间似乎打在了自己的心口上，燃起对本专业未来的憧憬。还记得，自己斥 3000 多元的“巨资”，拖着一口空箱子（用来装书）参加人生的第一次学术会议，听大咖坐而论道地理信息系统。当然还有许多，直到今天这本小书和大家见面，似乎画出了我们心中的地理信息系统。

这本书缘于多年从事地理信息系统教学科研的积累，最早零零碎碎写了一些关于地理信息系统的通俗文字，后来觉得把这些文字变成漫画会更有趣些，我和王丽娜老师尝试着做了一部分，没想到得到了同行的认可，再往后，我就拉着你们，我最重要同时又有着“有趣和逗逼”灵魂的你们——费腾、王丽娜、吴芸、郭玉婷等，一起创作了这本小书。全书共分四章，其中我本人负责了第一章和第二章的撰写和创作，费腾老师负责了第三章的撰写和创作，王丽娜老师负责了第四章的撰写和创作。我负责了本书的全部统稿。郭玉婷老师等负责了本书的配套视频制作。吴芸编辑负责了本书的审稿等，她的敬业让我们感动，她的鞭策使我们不敢懈怠。

在这本书写作过程中，感谢我的导师华一新教授、江南教授对本书的鼓励和一直以来的支持；感谢高俊、郭仁忠两位院士亲自为本书写序，他们对我们的评价和期许是对团队的莫大鼓励；感谢王家耀院士、魏子卿院士、廖克院士对该书部分文字和漫画的建议和修改；感谢杜清运教授对我们这本书的持续关心和指导；感谢武汉品致艺装饰工程有限公司对本书漫画的无私支持与指导；感谢李宏伟、吴亚玲、杨敏、张聆、王奇胜、秦欢等老师从不同行业不同视角提出的修改意见；感谢葛文和李翔老师对部分章节文字的修改和审阅；感谢我的学生王浩丞、王晗旭、程元隆、李桐、张丹妃等，他们对本书的文字、图画等各种繁杂的事情做了处理。感谢信息工程大学和地理空间信息学院机关的各位领导和同志对本书的关心和支持。和你们讨论、交流、合作让我们受益颇丰，尽管无法一一列举你们的名字，但衷心感谢大家的支持与帮助。

我们深知创作一本“既有趣又有深度”的专业科普书，何其难也。尽管我们已经使出了“洪荒之力”，但由于水平有限，不当之处在所难免，恳请大家批评指正，以便我们及时更正，做更好的“既有趣又有深度”的专业科普书。

李响，信息工程大学副教授，

研究领域：地理信息平台及其应用。

费腾，武汉大学副教授，

研究领域：生态遥感，城市大数据。

王丽娜，郑州轻工业大学讲师，

研究领域：地理信息可视化、疾病制图。

《大话 GIS》
全书视频

目录

第 1 章　GIS 的诞生……………………………1

GIS 是如何诞生的？全世界第一个 GIS 是怎样的？霍华德教授和他的计算机图形和空间分析实验室如何影响 GIS 的发展？GIS 的“种子”如何来到中国？……

第 1 章视频

第 2 章　GIS 中的“门牌号”………………40

地球是球形么，都有哪些奇怪的地球假说？如何在地球上定位？销声匿迹 1000 多年的《地理学指南》怎样影响了哥伦布？为什么墨卡托投影在航海中如此重要？……

第 2 章视频

第 3 章　GIS 的“食谱” ……………………78

GIS 就像一个杂食动物，它的食物是什么？小瓦通过 GIS 帮助二舅解决了什么问题？《GIS 烹饪手册》横空出世，给人们提供了什么帮助？

第 3 章视频

第 4 章　GIS 的“盛装” ……………………107

地理信息可视化有多古老？最古老的可精准测量的地理信息可视化作品出自哪里？裴秀的“制图六体”是什么？斜杠青年和南丁格尔对可视化的贡献有哪些？约翰·斯诺是如何发现霍乱的根源？……

第 4 章视频

第1章　GIS的诞生

大家好！我叫小瓦，是一个地理信息系统（GIS）的理论研究者和实践者，立志成为从地理空间数据中挖掘（dig）出知识的先锋。

理想总是很丰满，现实总是很凌乱。我七岁的大儿子问了好几个让人头疼的问题。

我找来了战国时期、元朝和新中国的全图给他看。但是……

战国形势
匈 奴
洛阳
秦
咸阳
周
燕
楚

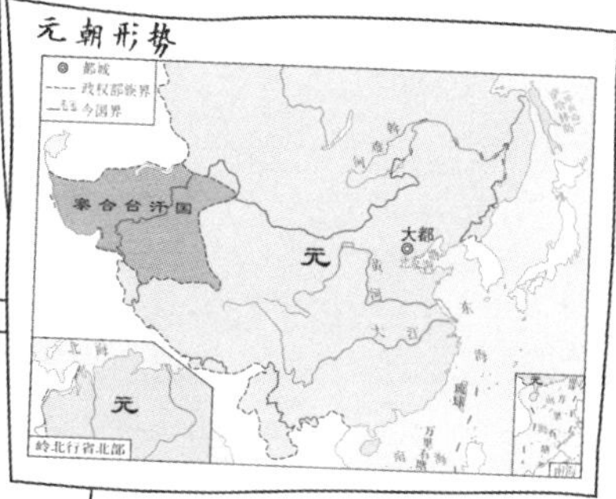
元朝形势
察合台汗国
元
大都
岭北行省北部

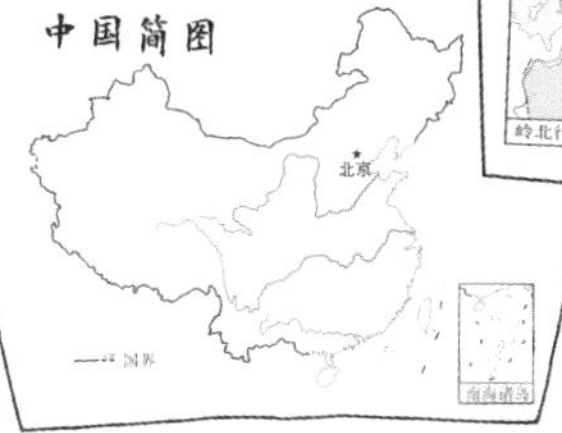
中国简图
北京

科研的道路哪有一帆风顺？
总是会遇到艰难险阻。

你让我一会儿看这幅图，
一会儿看那幅图，
我头都要晕了。

我赶紧连夜想了一个更好的办法，就是将需要对比的地图都变成同一比例尺，然后将地图制成透明薄膜叠加上去，这样直接对比，既直观又准确。

半个多世纪前，加拿大土地调查项目的日常工作就是采取这样的做法。只不过他们遇到的问题更复杂，规模也更为庞大，需要调查超过 250 万平方千米的土地和水资源，制作大约 1500 张地图。

专业人员需要将地图绘制成同一比例尺，然后将其中一张地图变成一个透明的薄膜叠加到另一张地图上进行对比分析。

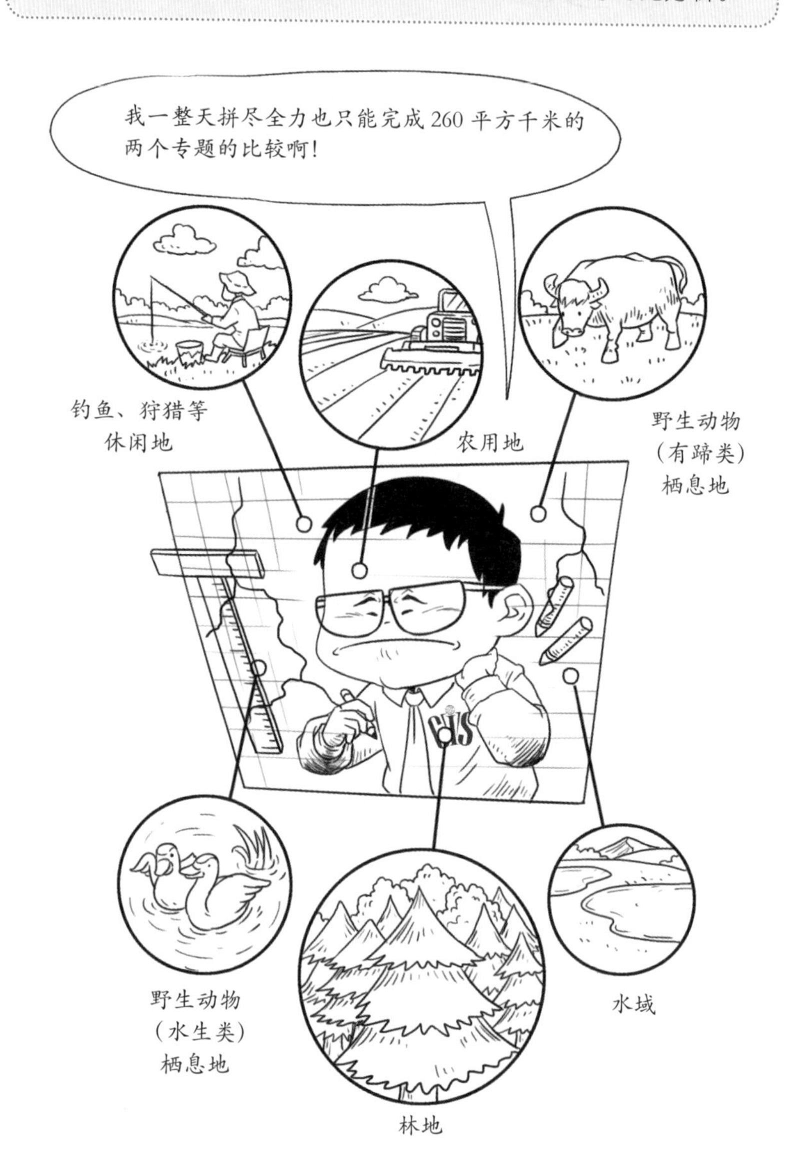

如果要完成整个加拿大范围内 6 个专题的比较，
需要 556 个我，每天“996”，工作 3 年才能完成！
而且还要耗费 800 万美元！

当负责加拿大土地调查项目的主管李·普拉特（Lee Pratt）正在为没人、没钱而感到烦恼时，恰巧在一次从渥太华到多伦多的航班上，遇到了一个未满 30 岁的年轻人，他叫罗杰·汤姆林森（Roger Tomlinson）。

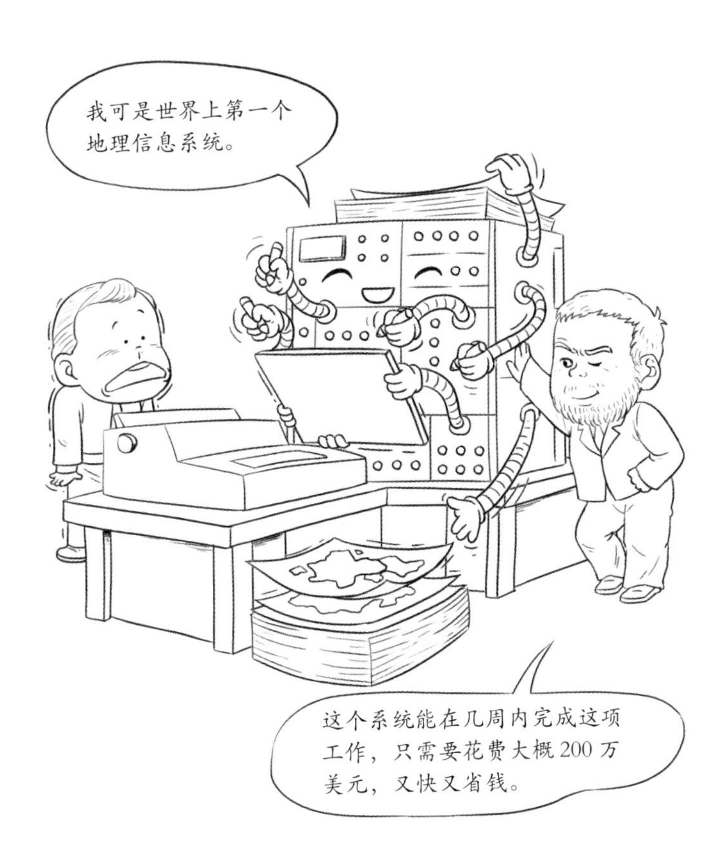
我可是世界上第一个
地理信息系统。
这个系统能在几周内完成这项
工作，只需要花费大概200万
美元，又快又省钱。

你觉得世界上第一个地理信息系统是什么样子的?

这样?
这样?
还是这样?

当时的计算机和我们现在所理解的计算机有很大的不同，它不是一个独立的设备，而是由主机、存储、输入和输出等若干个设备组合而成的，这么多设备需要至少一个独立的房间才能够容纳。

主机
IBM
磁带机（存储设备）
读卡机（输入设备）
滚筒扫描仪（输入设备）
打印机（输出设备）

举一个简单的例子，加拿大地理信息系统的主要存储设备之一——磁盘机，和今天的硬盘类似，只不过体积大得多，和一台洗衣机差不多，却只能储存一首高品质的歌。

这些硬件设备，加上相应的软件、数据还有人员就构成了整个加拿大地理信息系统。它以数据库为核心，由数据输入和数据查询分析两大流程组成。

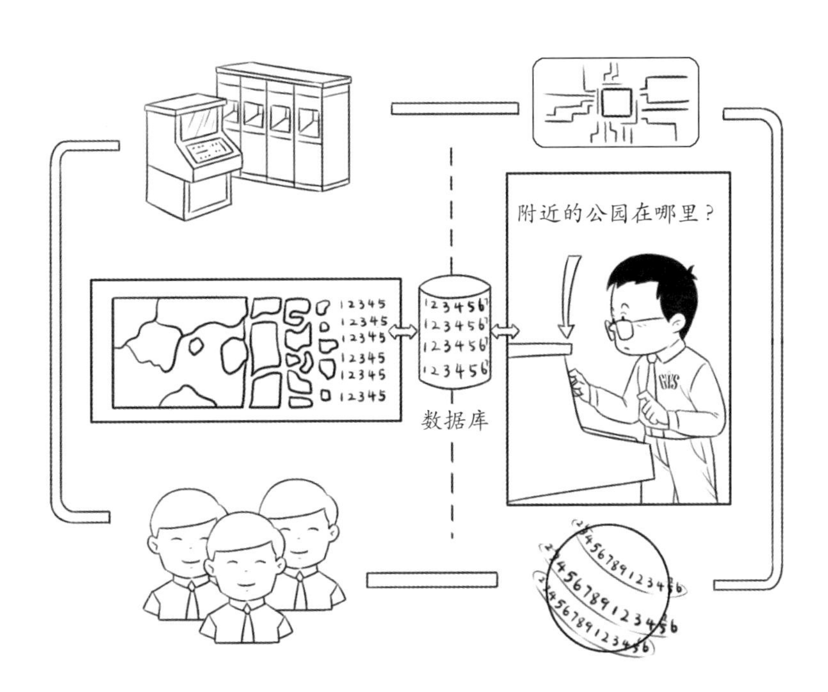

加拿大地理信息系统是如何工作的呢？举个例子，我们有一张纸质的地块图，这张图要分解为三部分，通过不同的硬件输入设备进行分析输出，最终变成一系列的多边形和与多边形关联的属性信息，存储到加拿大地理信息系统中。当然，人口数量、土地类型等其他信息，也都是通过这种方式输入加拿大地理信息系统的。

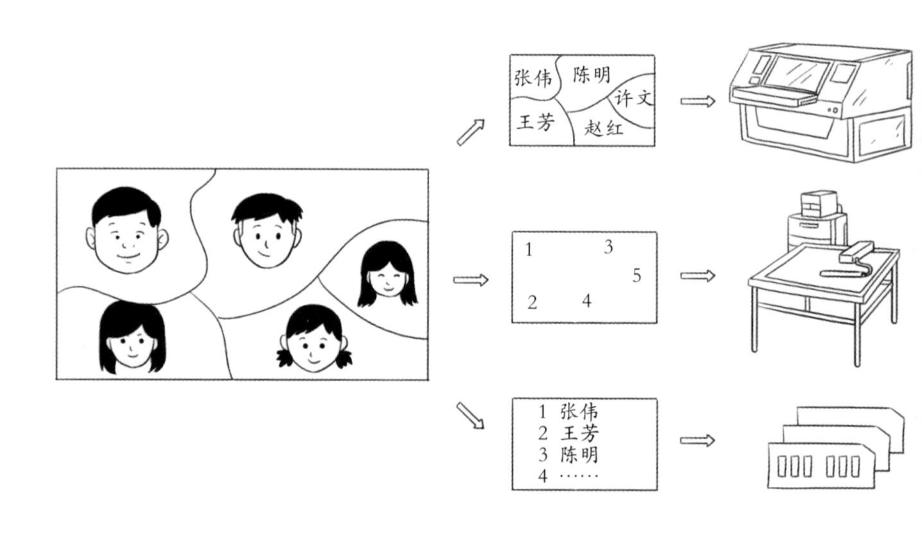

1 ——张伟
2 ——王芳
3 ——陈明

如果小瓦想知道张伟所管辖的区域有哪些地方适合建农场，加拿大地理信息系统的工作人员会给小瓦一张表，让他勾选需要考虑的因素。

然后，工作人员会把这张表格变成计算机能执行的指令。

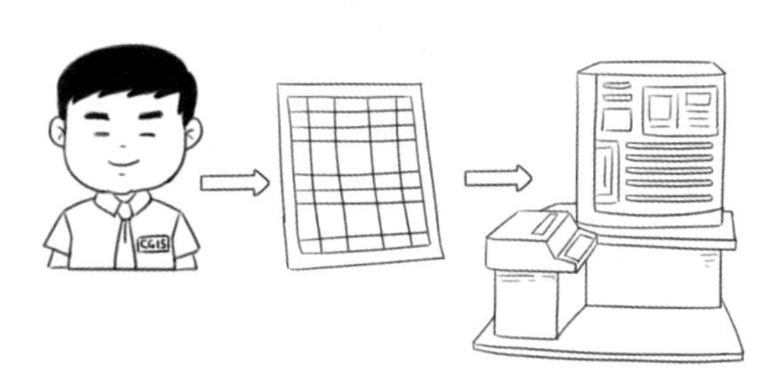

计算机根据这些指令，从数据库中调取相应的几何数据（多边形）和属性数据（多边形关联的属性信息）进行查询和分析。

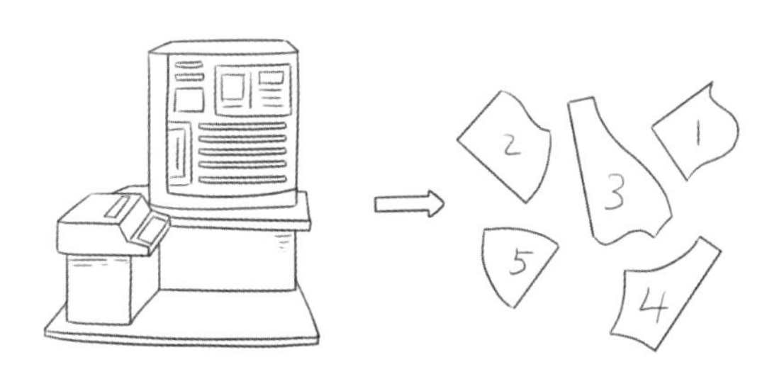

最后，将结果通过打印机和绘图仪输出成报表和地图给小瓦参考。

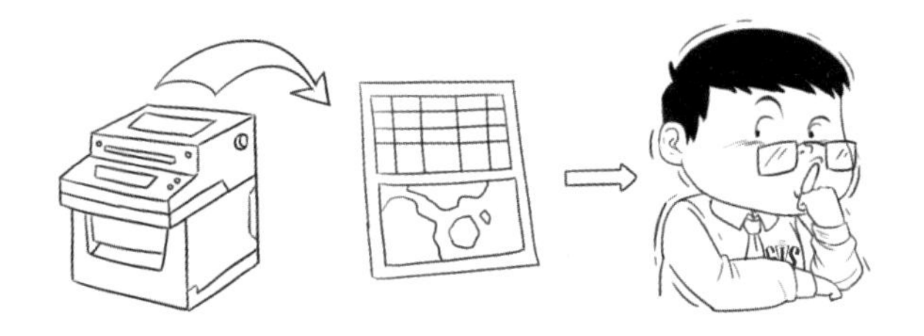

慢着！输出报表和地图？难道不是在屏幕上通过鼠标去放大、缩小或者漫游电子地图，打开 Excel 去看结果信息么？很遗憾，还真不是。今天看起来稀松平常的鼠标及图形化界面显示，在当时可能仅仅出现在科幻电影中。早期的地理信息系统更像一个输入输出的应答系统，是鲜有人图交互的。

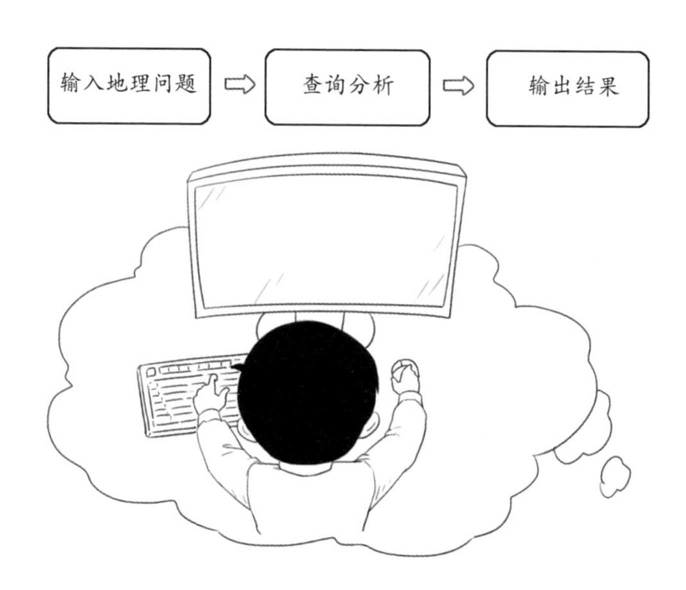

什么？这是科幻电影的情节吧！

加拿大地理信息系统虽然与现在的地理信息系统存在很大差距，但在当时已经是一个极大的突破。

就在罗杰·汤姆林森热火朝天地研制加拿大地理信息系统时，麻省理工学院一位年轻学生伊万·爱德华·萨瑟兰（Ivan Edward Sutherland）的博士论文揭开了人图交互的大幕，他也成为另一个领域——计算机图形学的“爸爸”。

Sketch Pad：一个人机图形交互系统

伊万·爱德华·萨瑟兰

小瓦多说一句，伊万不仅仅是计算机图形学之父，也是现在流行的虚拟现实的先驱。他在 1968 年就发明了虚拟现实的头盔式显示器，起名为达摩克利斯之箭。说实话，小瓦很不理解为什么起这样一个名字，直到看到了这个头盔式显示器的本尊。

伊万从麻省理工学院毕业后，为军队工作了 2 年，在哈佛大学担任教授时，年仅 27 岁。当这位年轻教授“春风得意马蹄疾”时，同在哈佛大学工作的另一位 62 岁老教授霍华德·费希尔（Howard Fisher）正准备退休。

霍华德·费希尔

幸运很快降临到霍华德教授头上，他在临退休前获得了一项基金支持，可以继续这项工作。这位老教授在哈佛大学建立了一个实验室，这个实验室对 GIS 发展的影响不可估量，它叫作计算机图形和空间分析实验室。

计算机图形和空间分析实验室

这个实验室牛在哪儿呢？首先，这个实验室发布了世界上第一款计算机制图程序 Symap。更重要的是，这个实验室培养了很多日后对 GIS 领域产生巨大影响的人才，这些人可以说是 GIS 领域的英雄联盟。

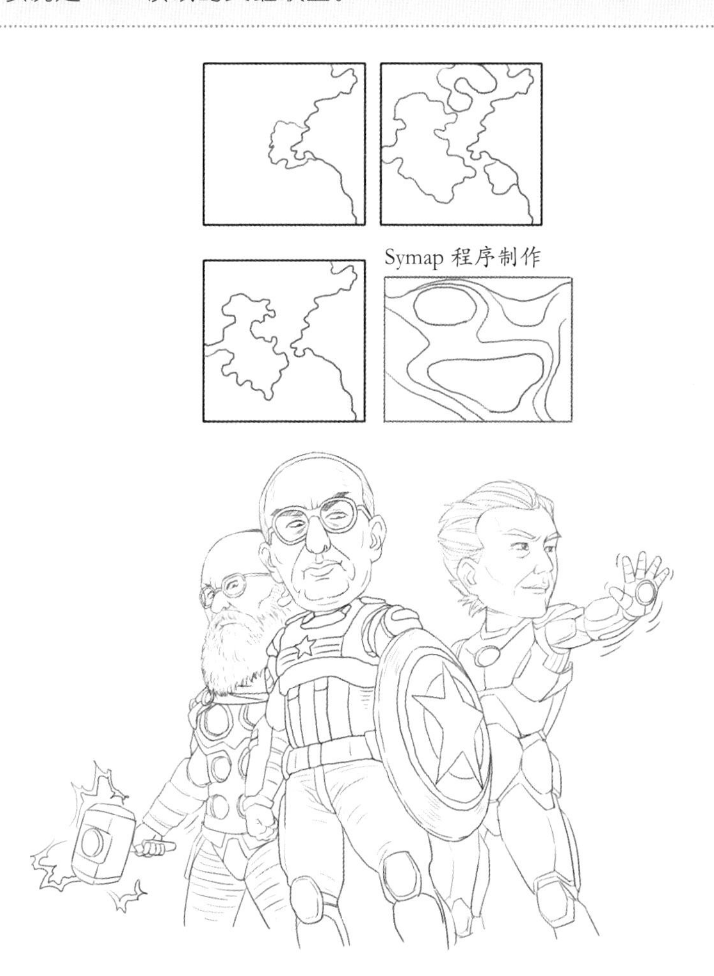

后来，随着霍华德教授的逝世，计算机图形和空间分析实验室逐渐归于沉寂，并在 1991 年最终解体。但是这个实验室培养的 GIS 超级团队，将 GIS 的种子带到了美国各地，最终走向世界。

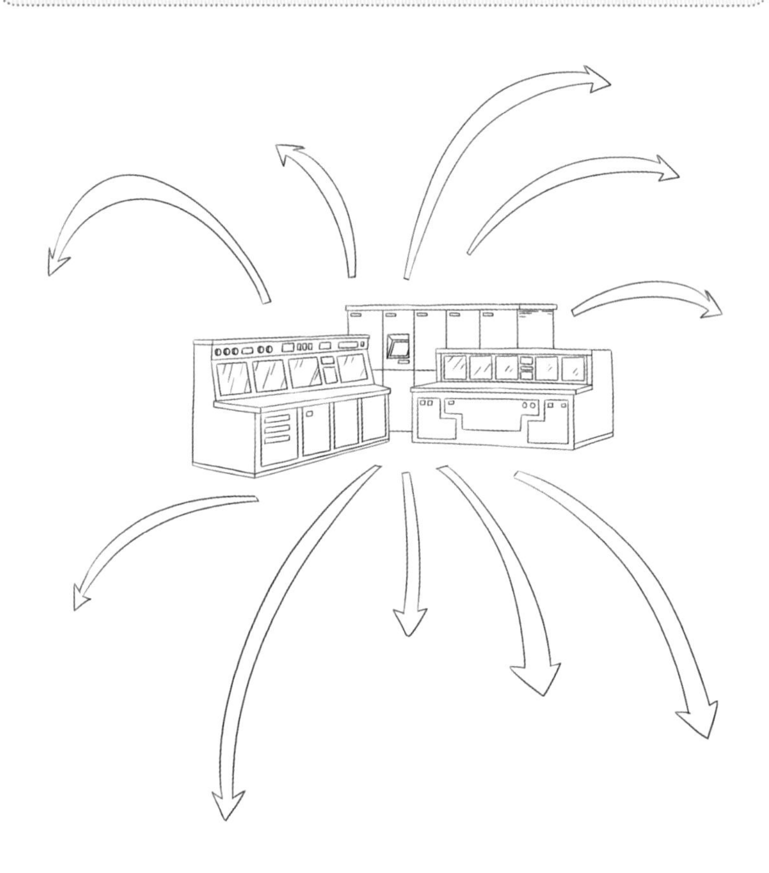

其中，一位 24 岁的戴着厚边框眼镜的瘦高个学生杰克·丹杰蒙德(Jack Dangermond)在这个实验室拿到了硕士学位。他和同在哈佛大学读书的女友一起回到加利福尼亚州，创立了美国环境系统研究所公司（ESRI）。

ESRI 于 1980 年推出了第一款商业化的 GIS 产品 ArcInfo，开启了 GIS 的商业化时代。同时代还有鹰图（Intergraph）、MapInfo 等优秀的 GIS 公司。但是 ESRI 之于 GIS，相当于个人电脑时代的微软，网络（Web）时代的谷歌，移动时代的苹果。可谓“GISer 不识 ESRI，便称英雄也枉然。”

1978 年，受中国科学院院士陈述彭之邀，杰克第一次访问中国，并与中国科学院就专业问题进行了友好交流。

岁月如梭，几十年过去了，国内已经涌现出很多可以和 ESRI“掰手腕”的 GIS 公司，如超图（SuperMap）、MapGIS 等。但每一次计算机领域的变革，ESRI 仍是推动 GIS 技术前进的先驱。

到了21世纪初，小瓦刚刚上大学，在地理信息系统的教科书中看到："WebGIS 将使 GIS 进入千家万户。"虽然小瓦连电脑都没有摸过，更不知道 GIS 为何物，但是小瓦深信不疑，学这个专业应该大有可为。

果不其然，2005 年，谷歌地球（Google Earth）的高分辨率影像从原先的美国、英国等扩展至全球。一时间，从未听说 GIS 的人都饶有兴趣地在谷歌地球上查看自家的房顶，领略 GIS 带来的上帝般俯瞰地球的愉悦。

WebGIS 的确进入了千家万户，但是打开 WebGIS 这个魔盒的不是行业内的巨头 ESRI，而是彻彻底底行业外的互联网巨头——谷歌。

小瓦不知道杰克慌不慌，但是当时的小瓦真慌了……

慢着！互联网巨头走进地理信息领域，接管了这里的一切？这是 GIS 的结局吗？不是！ GIS 的从业者很快学会了如何和这些“大块头”打交道，形成了你中有我，我中有你，既竞争又合作的局面。

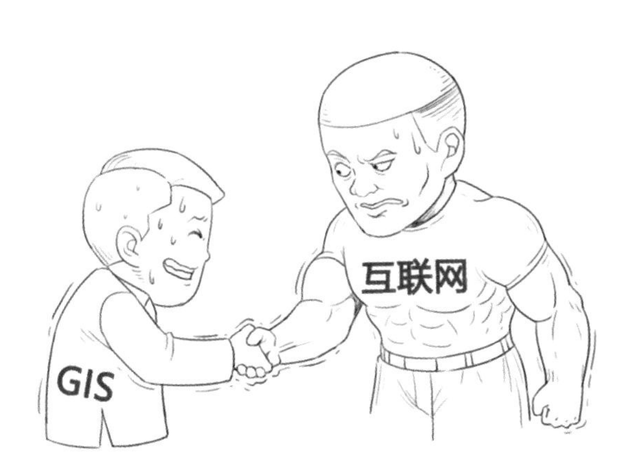

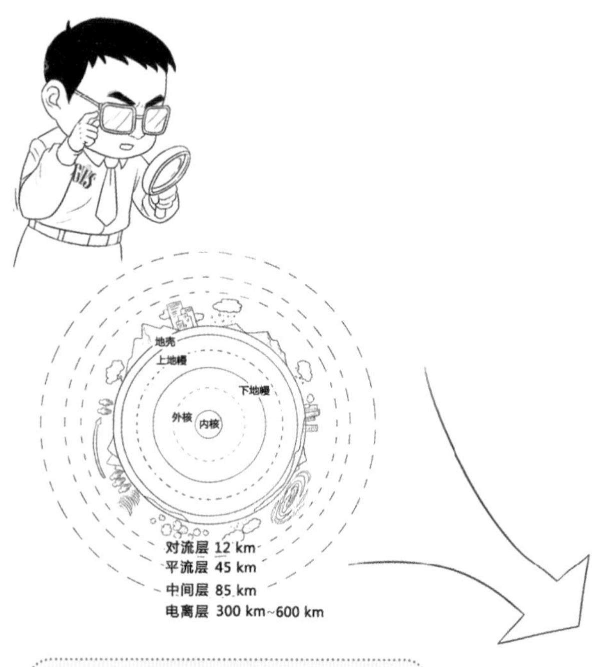

“地理空间”意味着在地球表面及其近地表空间（下至地幔莫霍面，上至大气电离层的区域）所包括的一切地理实体（如山峰、河流、建筑物等）和一切地理现象（如台风、大气污染、人口迁移等）。

“数据”是人类在认识世界和改造世界过程中，定性或定量描述事物和环境的原始资料。

让我们再来回答这一章的终极命题：到底什么是 GIS？

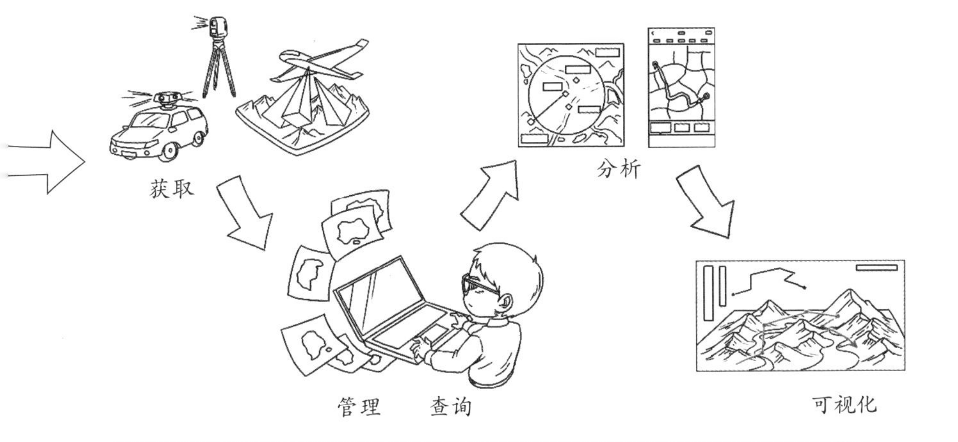

“处理”则是需要对数据进行获取、管理、查询、分析、可视化等操作。

第 2 章　GIS 中的“门牌号”

线上购物下单时，我们少不了要填写门牌信息。快递员会依据这个信息，将快递准确地送到我们手上。

首先，各位“小白”必须清楚一个事实——我们是生活在地球表面上的。可千万不要小瞧这一点，童年的小瓦就一直以为自己生活在地球内部，否则地球表面的人为什么没有掉到宇宙深渊里面？在第一次上地理课时，小瓦和老师就“我们生活在地球外面还是里面”发生了严重的争执。

现今绝大部分人都知道地球是一个近似的球体，但是达到这个认知经历了非常漫长的过程。比如我们国家自古以来就有盘古开天辟地之说。

同样，在遥远的古埃及也有类似的传说，只不过盘古由一个人变成三个人，分别是男神（大地）、女神（天空）和空气神。古埃及人相信天地一开始是连在一起的，结果生生地被这个空气神分开了。此外，国外也有各种神物托着大地的传说，比如古印度的大象、古俄罗斯的鲸鱼等等。

与小瓦童年时对地球的认识类似，很多古人也有这样的见解，甚至形成了一个非常著名的假说——地球空洞说。除此之外还有一个假说——扁平地球说，他们甚至为此举行了多次国际会议。

地球空洞说

扁平地球说

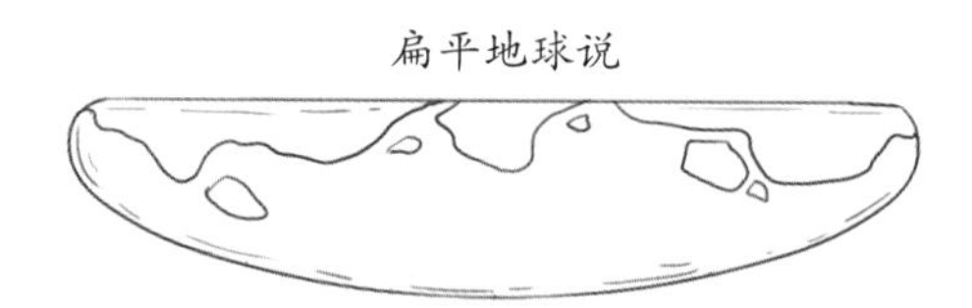

2018 年的国际会议在美国科罗拉多州的丹佛市召开。
2019 年的国际会议在美国得克萨斯州的达拉斯市召开。

公元前 6 世纪，毕达哥拉斯首次提出地球是一个球体。公元前 4 世纪，亚里士多德发现，在北非可以看见某些星星，但是到了地中海北岸就看不见了。因此他认为，地球不仅是球形的，而且地球的圆周也不大，要不然位置的细微变化不可能引起这样直接的结果。然而真理的探寻往往是漫长且曲折的，直到 1800 年之后的麦哲伦完成了环球航海，人类才第一次证实了地球是一个球体。

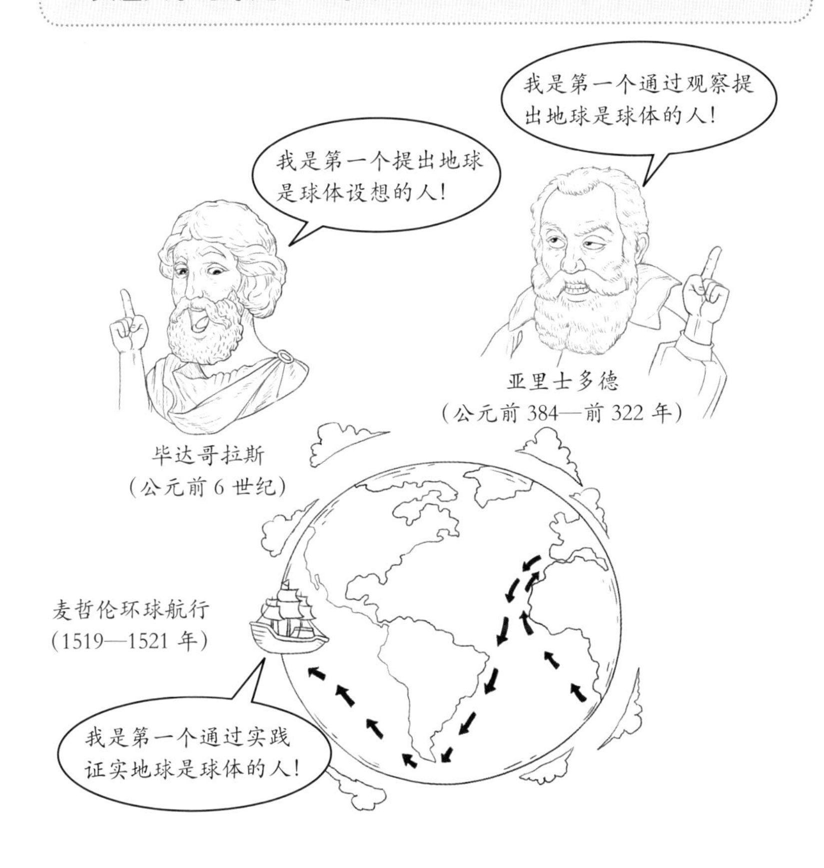

如今人类对地球的形状量测更为精准，一般教科书会这样描述："地球的平均赤道半径为 6378.38 千米，极半径为 6356.89 千米"。[①] 于是有人认为地球是一个椭球体，也有人说地球是"梨形"。还有一张在互联网上广泛流传的"地球素颜照"，这个地球形状非常丑，类似于一个土豆，这是地球的真实形状么？

① 数据来源：《辞海》。

其实这个"土豆"状的球体是德国地球科学研究中心（GFZ）和美国国家航空航天局(NASA)合作的"GRACE项目"绘制出的地球的重力场变化，它对大地水准面的起伏进行了极大的夸张。小瓦访问德国地球科学研究中心时，他们的研究者很自豪地介绍了这个"土豆"模型，殊不知这样会误导多少天真好奇的孩子啊！

既然地球是一个近似球体，为了唯一标示地球上任意一点的位置，我们的经验是在水平和垂直方向上打格子，水平方向的是纬线，表示纬度，垂直方向的是经线，表示经度。所有用经纬度来表示的坐标系统，统称为地理坐标系。

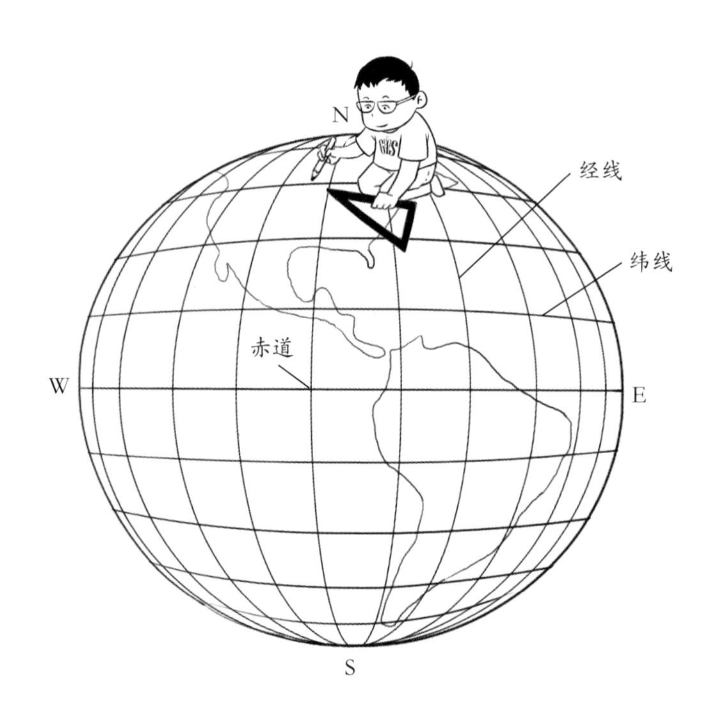

为了尽可能精准地描述地球，许多国家都提出了自己定义的地理坐标系（差异在于坐标系的原点位置、地球的长短半轴和坐标轴的方向等）。其中最为出名的，也和我们生活密切相关的就是美国国家地理空间情报局（NGA）制定的 1984 世界大地测量系统（WGS-84）。

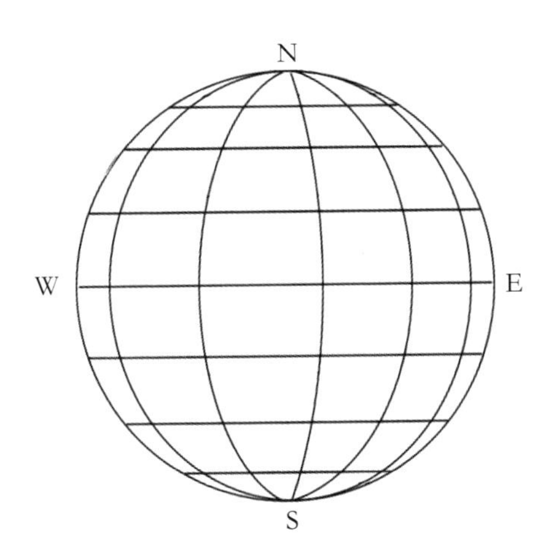

1984 世界大地测量系统（WGS-84）

之所以说 WGS-84 和我们生活密切相关，是因为我们手机或者汽车里内置的全球定位系统（GPS）接收器都是基于 WGS-84 坐标进行计算的。

我国目前采用的是2000国家大地坐标系（CGCS2000），简称2000坐标系。这个2000坐标系和WGS-84有多大差异呢？2008年，魏子卿院士撰文阐述了这个问题。

小瓦想具体了解这个“一致”，以及“实现误差范围内”到底是多少？

小瓦这下放心了。只要不是拿“导弹打蚊子”，基本上两个坐标系之间是无须转换的。

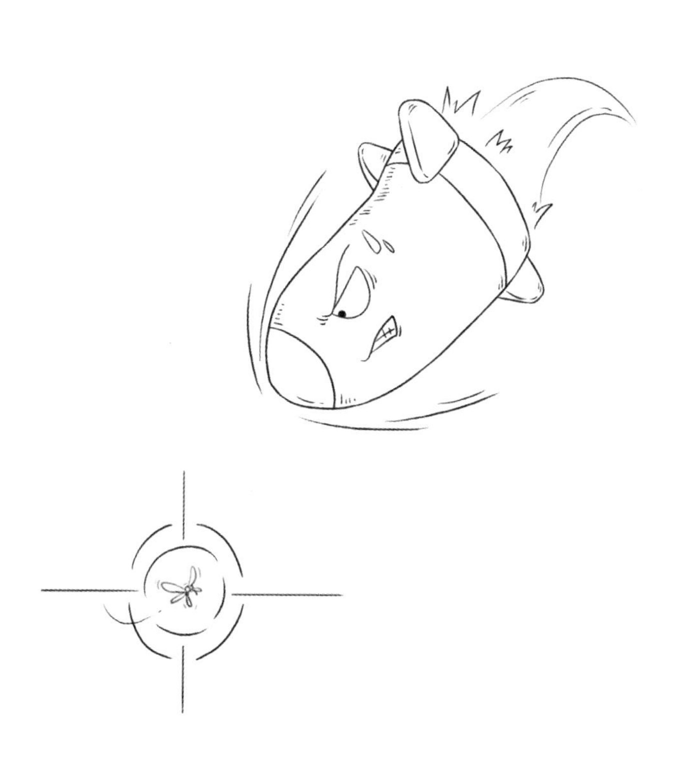

地球是一个球，地图是一个平面，要想得到一幅完整的地图，就必须将球上的坐标转换到平面上。我们将转换的过程称为地图投影，将转换在地图上的坐标称为投影坐标。

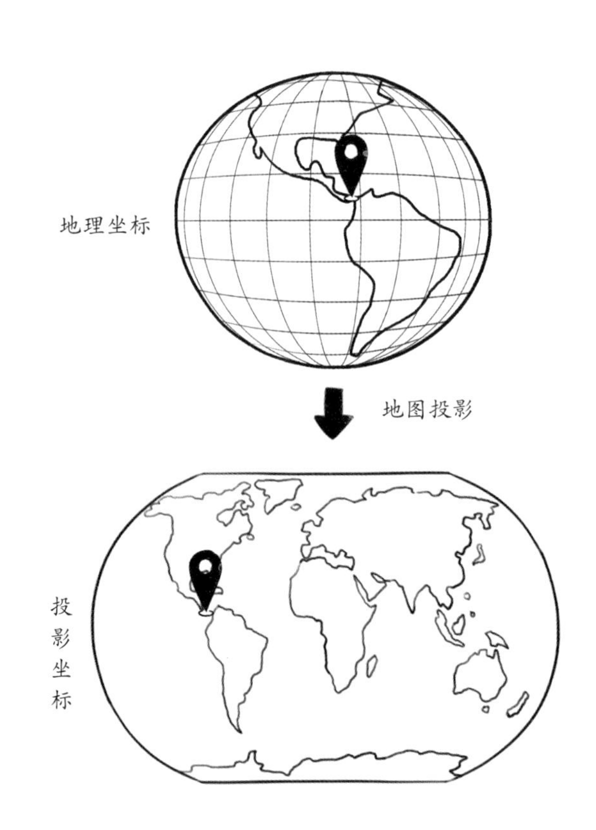

因为地球球体是不可展的曲面，所以要将此曲面上的东西转换到平面上十分不易。以剥橘子为例，橘子皮压成平面会碎裂，同样一个曲面是怎么也展不成平面的，它必然有变形。

探究地图投影的发展历史就会发现，有文献记载以来最早使用地图投影法制图的人是古希腊科学家埃拉托斯特尼，他率先使用地图投影法绘制了以地中海为中心的已知范围的世界地图。

古希腊科学家埃拉托斯特尼
（公元前 276—前 194 年）

公元2世纪，诞生了一个地理学和地图学界大神级的人物——克劳狄乌斯·托勒密。他很好地继承了埃拉托斯特尼等科学家的衣钵，总结了古希腊的天文学、地理学成就，撰写了《天文学大成》 十三卷、《地理学指南》八卷。

古希腊科学家克劳狄乌斯·托勒密
（100—170年）

这本《地理学指南》牛到什么程度呢？该书完成后，由于战乱等原因销声匿迹了 1000 多年，直到 13 世纪才重新出现在拜占庭。这本书在千年后还是对已知世界总的地理情况了解最清楚的指南，因此很快就流行开了。你无法想象千年以前的一本著作仍然处在某一科技领域中的尖端。

《地理学指南》销声匿迹了1000多年，虽然文字部分很好地保留了，但是托勒密时代所绘制的地图大部分都失传了。

科学家的能力总是令人叹为观止，他们根据《地理学指南》记录的8000多个世界地名陆续绘制了《地理学指南》中的地图。其中一位德国制图学家亨里克斯·马泰卢斯根据《地理学指南》绘制了一份世界地图。

在《地理学指南》里，托勒密提出两种最基本的投影方法。第一种很简单，就是把地球按照经纬线打格子，经线以北极上空的某一点为中心向南方辐射展开，纬线按照同心圆弧平行展开。第二种要复杂一些，纬线仍然是同心圆弧，但是经线改为了一组曲线。第二种看起来更像剥开的橘子皮拼到一起，能更好地反应实际情况，但是由于是弧线，绘制起来就复杂得多。

这份世界地图采用了第二种投影方法。科学家尤其是制图学家，多是有重度强迫症和高品位的人，他们会选择第二种投影方法来制作地图也见怪不怪了。

托勒密老爷子1000多年前就认识到这个世界有亚洲、非洲、欧洲，而1000多年后的子孙不争气，对世界丝毫没有更多的认识，所以这幅地图仅展示了三个洲。

15 世纪中叶，奥斯曼土耳其帝国兴起，控制了东西方之间的传统商路，西欧同东方的贸易变得更加困难。为了继续获取财富，当时的欧洲人需要开辟一条前往亚洲的新航路，他们把目光锁定到非洲最南端的“好望角”。

可是，一位刚过40岁的中年人，坚信无须经过好望角，一直西行，不远就可以到达亚洲，从而获得无与伦比的财富。

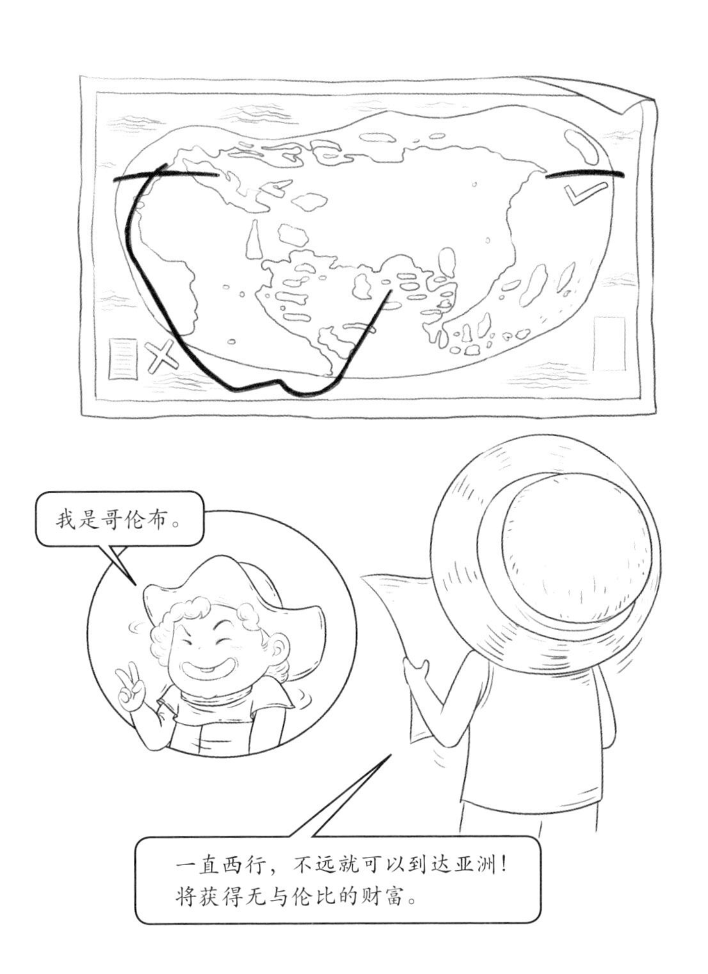

于是哥伦布横穿大西洋，确实发现了一片大陆，但哥伦布以为自己到的地方是印度，所以把当地的土著称为“印第安人”，意思是印度的居民。可当时的欧洲人并不知道，在欧洲和亚洲之间，还有一个美洲。哥伦布太笃信老祖宗对地球的认识了。

从当时的马泰卢斯地图在今天世界地图上的范围，不难看出托勒密老爷子不仅错过了一个美洲大陆，还失掉了一个太平洋。倘若历史能够重来，不知道哥伦布有没有勇气再来一次航行呢？

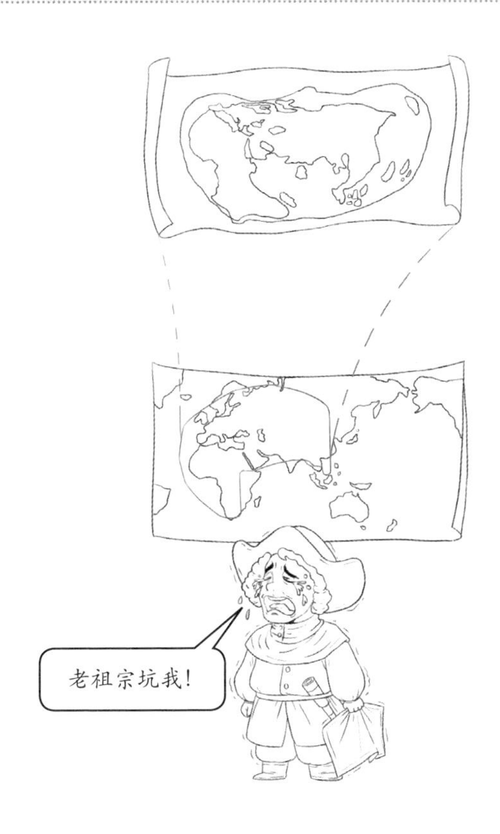

哥伦布虽然没到达他梦想中的亚洲，但是他的美洲大陆新发现揭开了大航海时代的序幕。在这个时代，航海家们最害怕的就是在远航中偏离航线。

此后终于有一位划时代的人物终结了1000多年的托勒密时代，他就是墨卡托。墨卡托的一个重要贡献就是发明了一种新投影——墨卡托投影，这个投影的最大特点就是角度在投影过程中保持不变，也就是等角航线投影后会是一条直线。

荷兰地图学家墨卡托
（1512—1594年）

① 球面上两点的最短距离是连接这两点的半径最大圆弧的劣弧，也称为大圆线。

航海家们都是冒险者，他们绝不会做亏本买卖。当航行距离特别远的时候，他们会把大圆线分段，每段按照等角航线航行，这样航线又准又短。

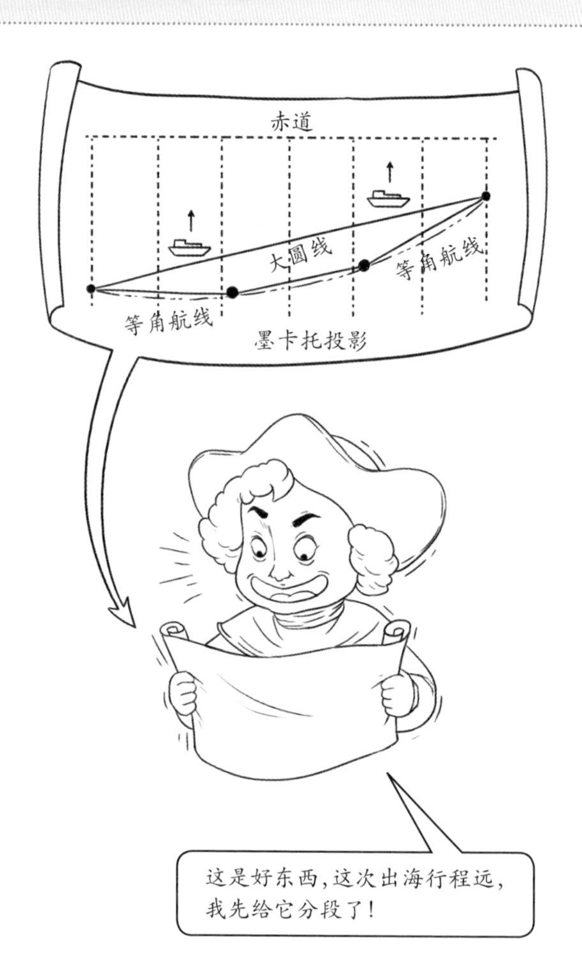

我们说墨卡托终结了一个时代，不单单是他发明了墨卡托投影，还在于他出版了一系列的地图集。他首次以 Atlas（希腊神话中的擎天神）来命名地图集。按照墨卡托投影绘制的世界地图至今还影响着我们。当今的主流地图服务商，如谷歌、高德、百度等，提供的地图瓦片服务也都采用的是 Web 墨卡托投影。

这里有一个很容易混淆的问题，Web 墨卡托投影不是墨卡托老爷子发明的，而是谷歌在推出谷歌网络地图时所采用的一种投影方式。为了介绍 Web 墨卡托投影，要先了解墨卡托投影的原理。

假设我们用纸围成一个圆柱紧紧套在地球上，然后在地球的中心放上一支蜡烛，光从球面射到圆柱体上，这样整个球面就投影到了圆柱体上，再把圆柱体剪开，就变成了一张平面图。

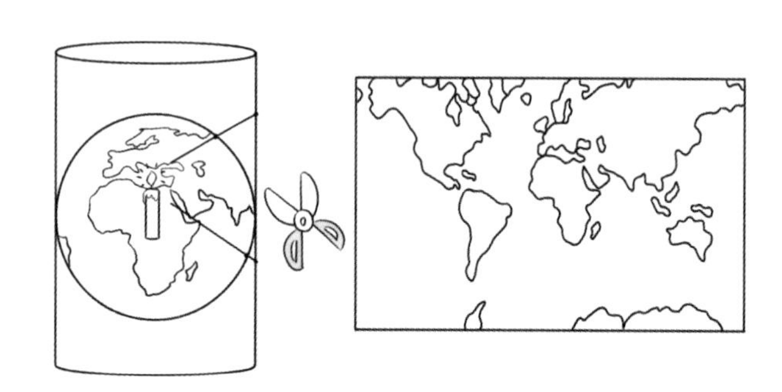

谷歌在这个基础上进一步简化了投影。一开始小瓦不是说，地球基本上是一个球么？谷歌也这么想。如图所示，实线代表球体，虚线代表椭球体。这就是 Web 墨卡托投影的基本原理。

谷歌采用了这样的地图投影，使得 Web 墨卡托投影非常流行，成为现在互联网地图的主流投影模式。但是在学术界，该投影还是遭人“鄙视”的。谷歌采用球来替代椭球，使得原来等角的特性变为近似等角，这对于科学家来说实在是太不严谨了。

如今，我们能从互联网地图上获得两种类型的数据，一种是地图瓦片数据，另一种则是矢量数据。通常地图瓦片数据都采用 Web 墨卡托投影，而矢量数据则各有不同。高精度的地理数据在各国都是较为敏感的信息，尤其是对于重要的工业、军事部门等，因此各国对高精度的地理信息都采取了不同的方法来进行保护。

我国也有自己官方制定的地理坐标系统（GCJ-02），它肩负了国家重要地理信息的加密责任，使得真实的位置产生无规律的偏移。

最后可能还是有"小白"会有疑问："平常我导航，那叫一个准啊，说到哪儿就定位到哪儿，怎么没受到坐标偏差的影响呢？"这个问题其实不难回答。地图服务商非常清楚自己数据的坐标系统，在显示时又重新进行了偏移，因此你看到的正确的导航地图是"偏移的导航路径"叠加到"偏移的地图"上的正确结果。道理类似"负负得正"。

第 3 章　GIS 的“食谱”

GIS 就像一个杂食动物，它可以摄取各种格式的数据作为它的“食物”。不过，这些数据必须含有一个关键的共同点——空间信息，以便 GIS 能够消化。这些空间信息可能是坐标、地点、地名或者范围等。数据“食物”量越大、越多样，GIS 的功能就越强大。

这些数据“食材”可以粗略地分成两类：矢量数据和栅格数据。

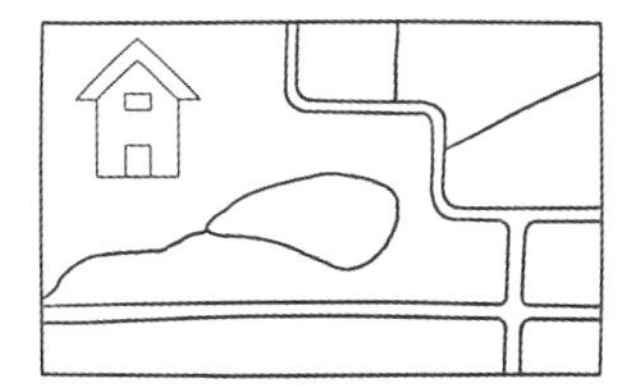

矢量数据用点、线、面来精确地描绘物体的位置和边界。

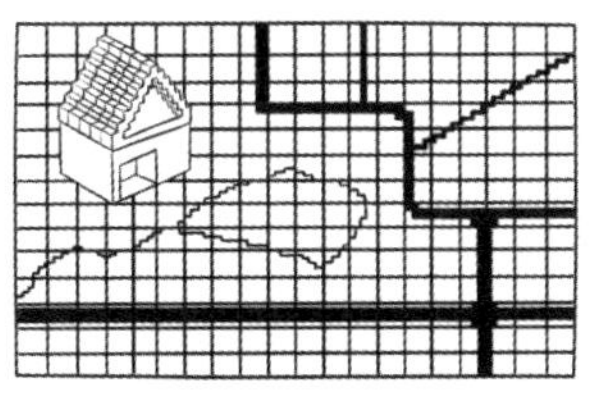

栅格数据则像一幅用小积木（也叫像素）拼接起来的画，每块积木都是最小的基本单元。

面对复杂任务， GIS 可以综合分析多种数据，帮我们做出最优的决策。

小瓦的二舅来找小瓦帮忙，给他的羊圈选址。

GIS 进行选址分析之前，需要各利益相关方提出要求。

该如何帮助小瓦的二舅呢？我们先从收集相关数据开始。

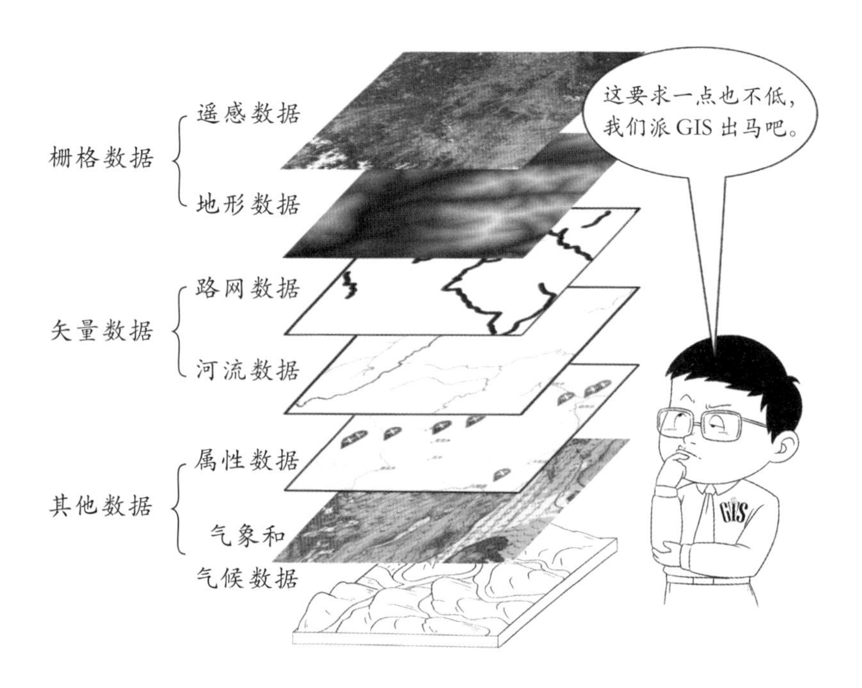

第一个要求：羊圈附近平坦一点。为了满足这个要求，就需要地形数据，目前多用数字高程模型（DEM）。这个数据怎么获得？有很多方法，我们说说最高效的摄影测量技术。摄影测量技术的原理，小朋友们可以从游戏中体会一下。

人的双眼从两个不同的角度观察同一个物体，大脑会整合这两种视角，帮助人判断物体距离我们的远近。这种远近的判断就是深度信息。

同样的道理，从空中向下观察时，要想看出地形的立体感（深度信息），也需要至少两只“眼睛”——即从两个不同的视角观察同一区域。然后，可以利用算法从两张略有不同的照片中计算出地面的起伏，从而得到数字高程模型。

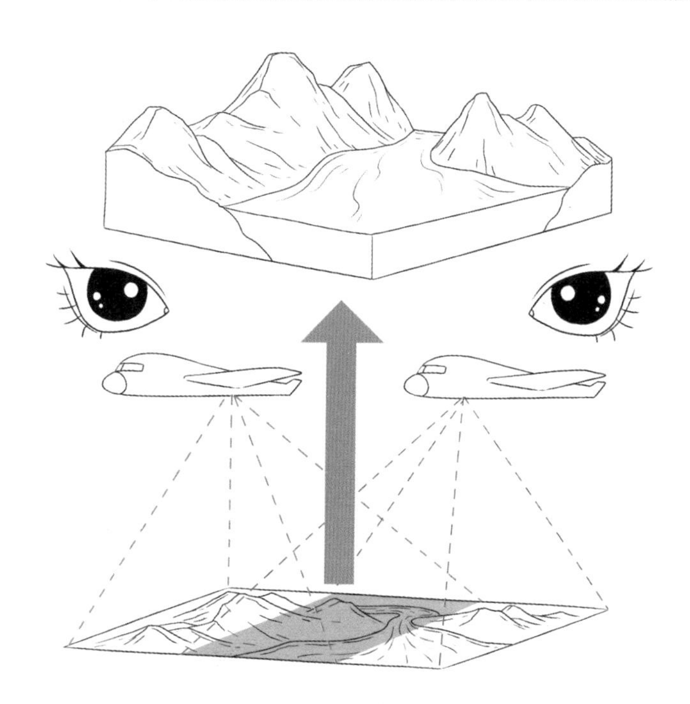

有了数字高程模型，GIS 可以轻松地计算出地球上每个角落的坡度。太陡峭的地方不适合作为牧场，那么，就让 GIS 先帮我们把这些不满足要求的地方画上叉叉。

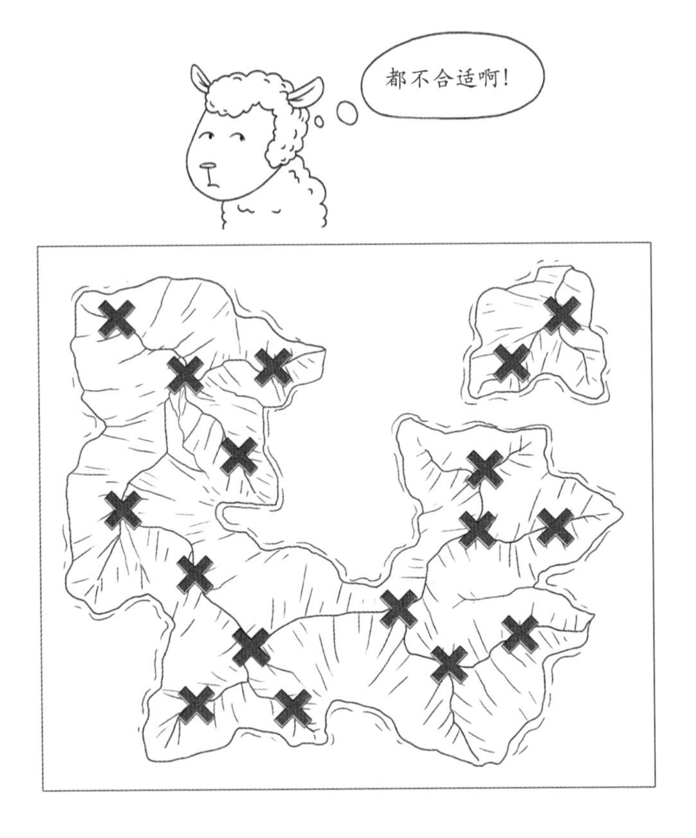

第二个要求：出门就能吃到草。为了确定哪里有青草地，我们需要卫星遥感数据。但是，当一切看起来都是绿色的时候，卫星又是如何区分树木、灌木、草地和人造塑料草坪的呢？

在小瓦眼里，从高空向下看，基本无法分辨人造塑料草坪和真实草地。

在卫星家族里，资源环境卫星拥有“火眼金睛”。植物中的叶绿素在近红外波段上有超强的反射性，因此在能拍到这个波段的卫星影像中，真正的草地亮得耀眼，人造塑料草坪则没有这种效果。草地和树林在资源环境卫星眼中，也不是同一个颜色。真假草地，对资源环境卫星来说，一眼就能区分。

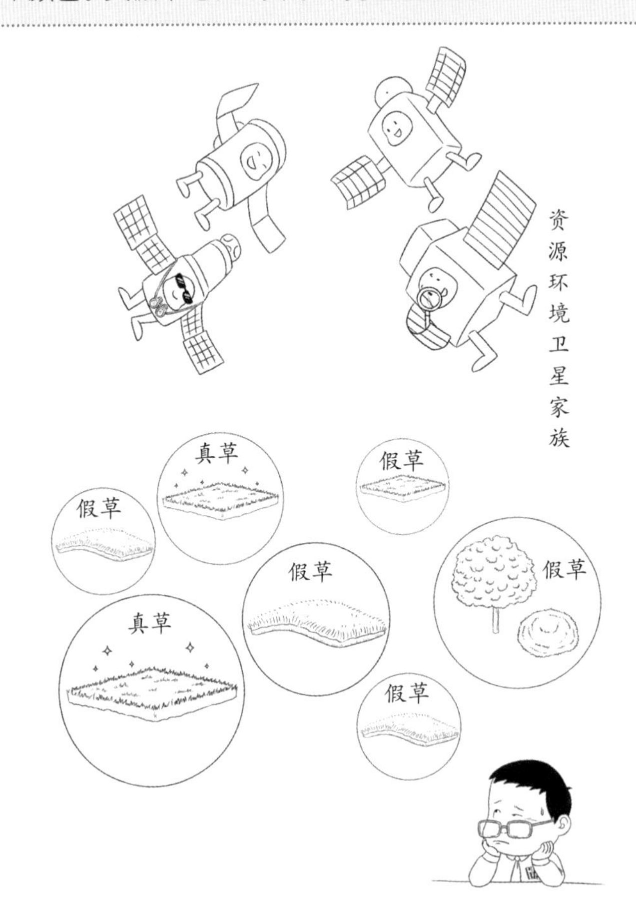

按照轨道高度从高到低，不同种类的卫星大体排序为：气象卫星、通信卫星、定位卫星、资源环境卫星和侦察卫星。而能够辨别绿草的资源环境卫星，其轨道高度约为700千米。

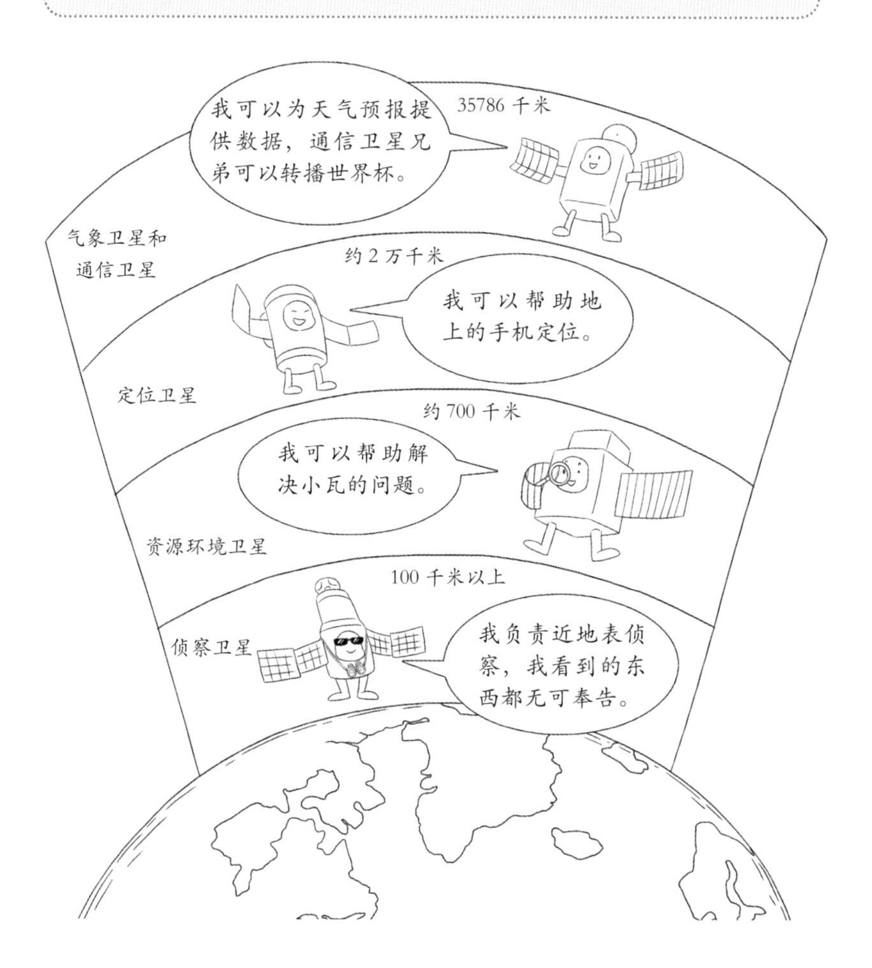

第三个要求：草要嫩。这也难不倒资源环境卫星。

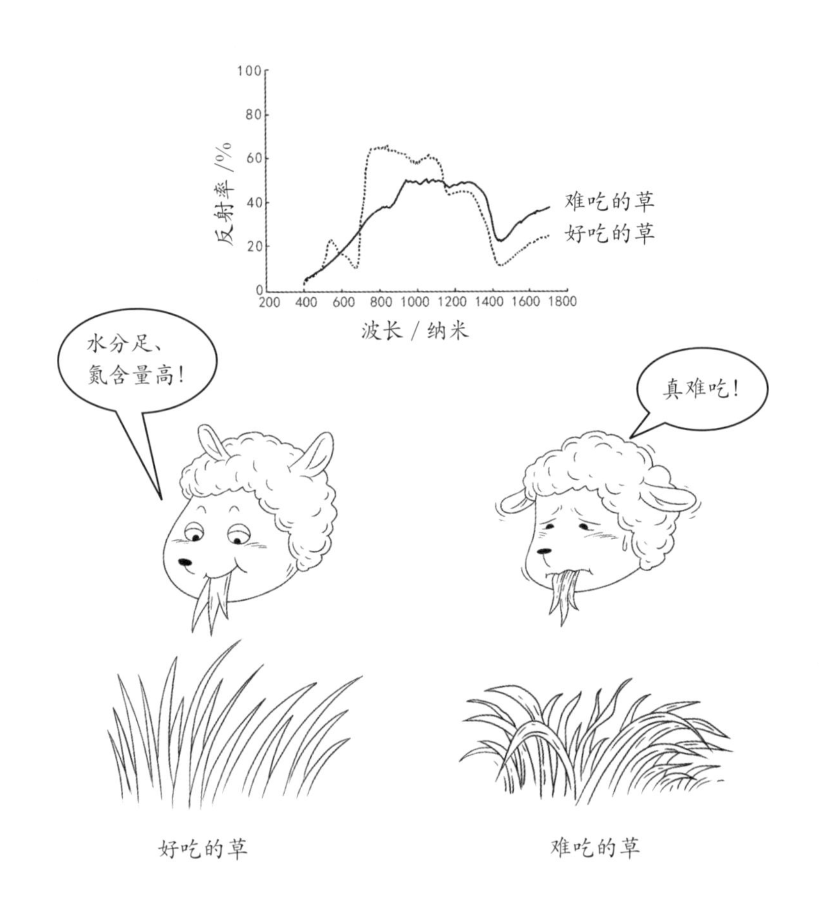

第四个要求：羊圈不能离道路太远。为了满足这个要求，我们可以通过对路网数据进行缓冲区分析来筛选合适的羊圈位置。

缓冲区其实就是围绕某个点、线或面所画出的特定范围的区域。当我们想知道某个地方周围的一定距离内有些什么时，就可以使用这种缓冲区分析。

点状地物的缓冲区分析

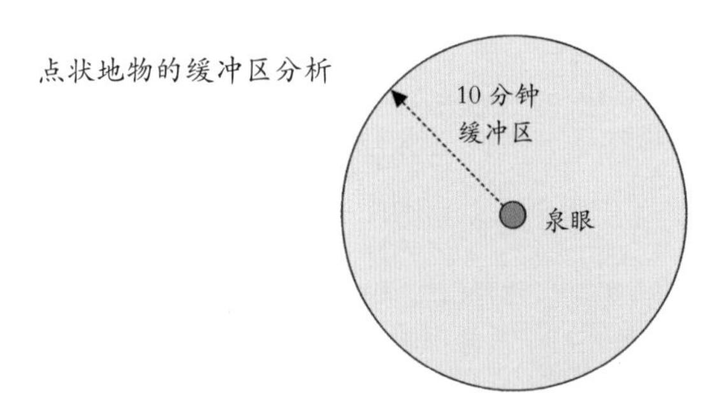

线状地物的缓冲区分析

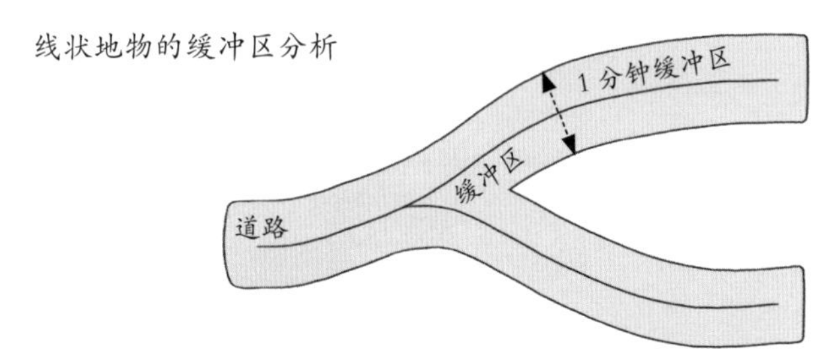

面状地物的缓冲区分析

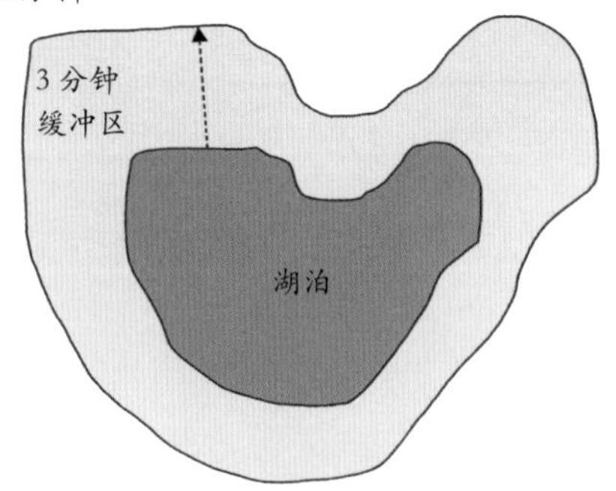

第五个要求：从羊圈出发，10分钟内就能找到饮水处。为了达到这个目标，我们需要知道附近所有的井、河流、湖泊等可饮用水源的位置。另外，我们还需要了解羊在平地、上坡和下坡时的行走速度。在考虑地形因素后，我们可以对水源进行10分钟步行范围的缓冲区分析。

第六个要求：冬天不能太冷。这就需要根据“历史气象数据”，把历年冬天太冷的区域直接排除。

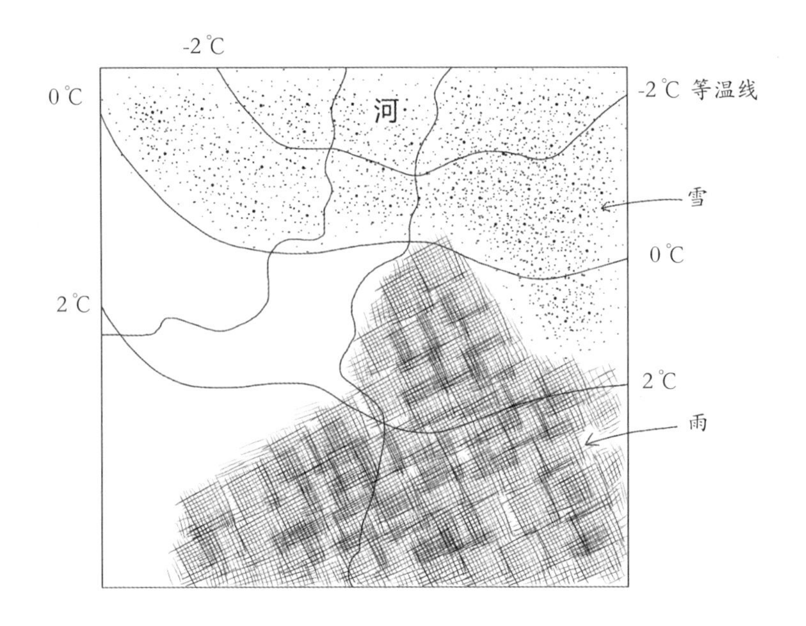

最后一条要求：地块产权明晰。这就需要 GIS 参考地块的历史属性数据，排除所有权属不明确的土地。

完成前面的工作后，我们可以让 GIS 将满足每一个条件的地图图层叠加起来，确保所有不适合的区域都被排除，那些剩下的区域就是满足我们所有要求的最佳选项。这种分析方法被称为“叠置分析”。

叠置分析

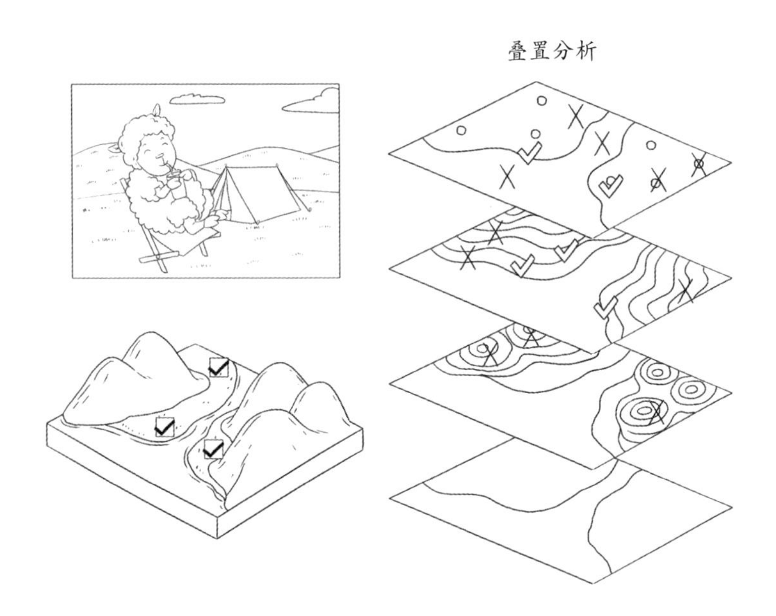

知道了要把羊圈建在哪里，二舅和他的羊都非常开心。

这时候小瓦又接到了三舅打来的电话。

三舅是城市规划师，他来请教懂 GIS 的小瓦。

城市时刻都在产生数据，无论是交通流量、能源消耗、空气质量、人群活动，还是社交媒体互动。这些数据都是研究和优化城市运营及人类行为的宝贵资源。

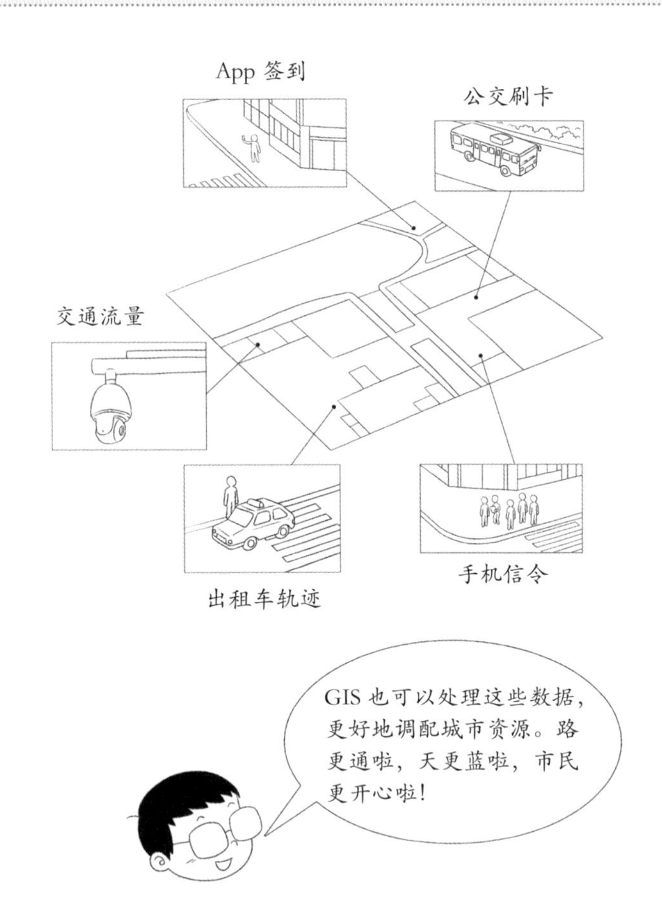

智慧城市运用信息和通信技术来提高城市服务的效率、增强市民生活质量，并促进经济和环境的可持续发展。

智慧城市需要收集的数据包括交通数据、能源使用数据、环境数据、公共安全数据、经济数据、健康数据、人类活动数据等。

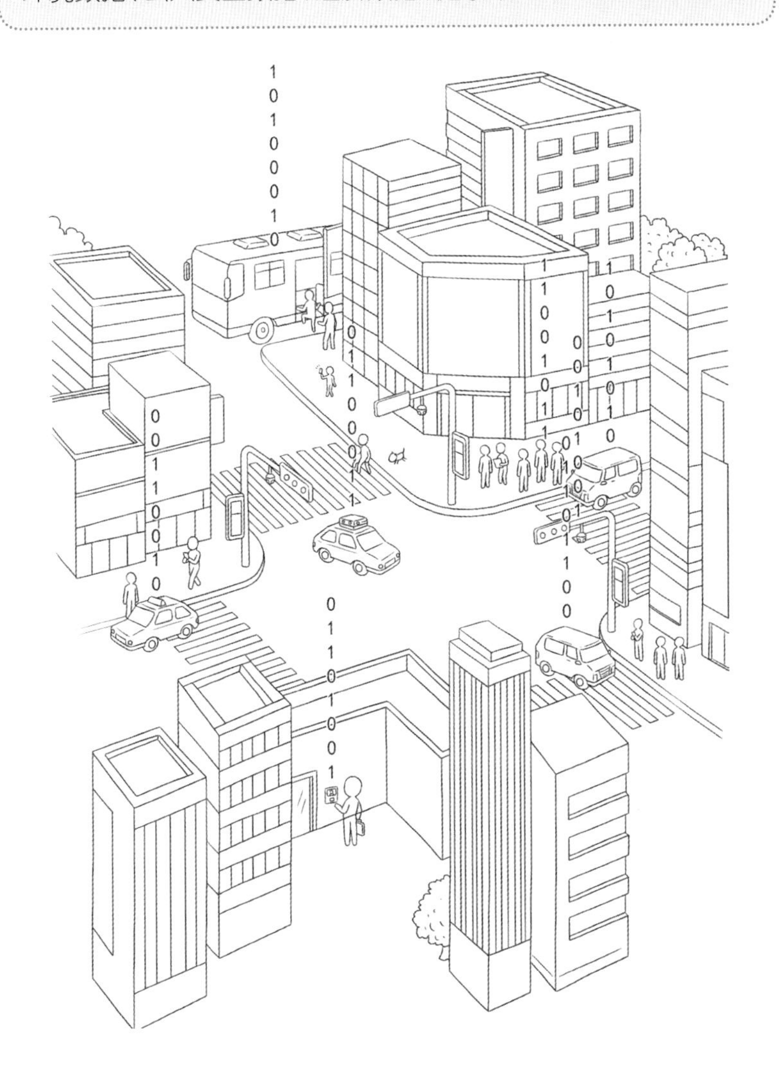

小瓦携 GIS 一战成名，他的各路亲戚排队找上门，也带来不同的诉求。小瓦赶紧翻开了《GIS 烹饪手册》……

《GIS 烹饪手册》可以帮助生态专家识别野生动物栖息地。

《GIS 烹饪手册》可以提前预估大宗农产品期货产量，帮助投资人做出投资决定。

《GIS 烹饪手册》还能进行急救路径规划，节省运送患者的时间。

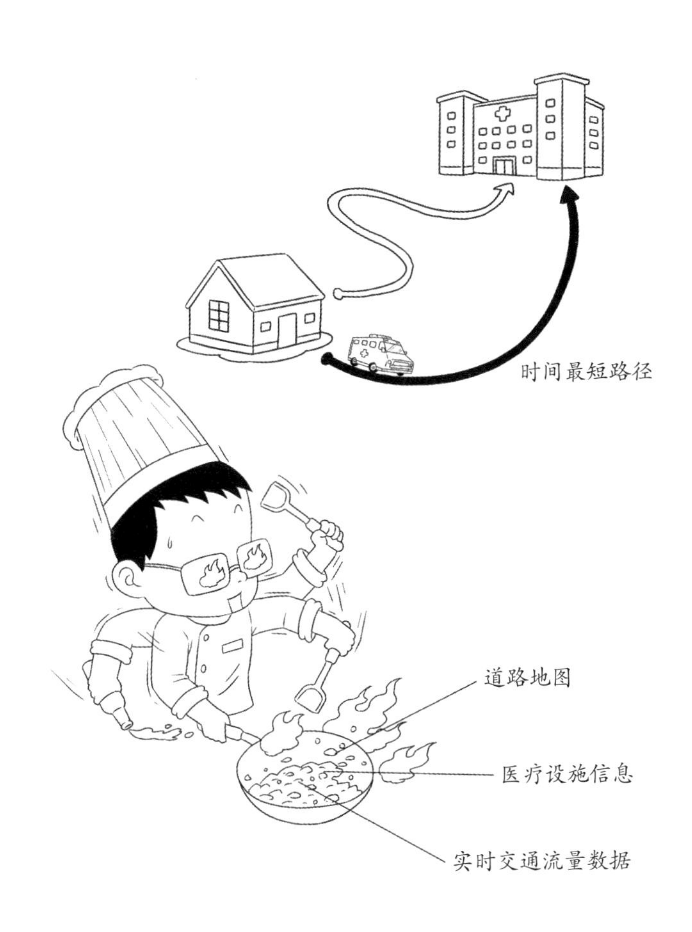

GIS 还可以解决很多问题，只要有合适的“食材”和“烹饪方法”。

第 4 章　GIS 的“盛装”

上一章，我们说 GIS 就像一个杂食动物，它吃进去各式各样的地理数据，那么它输出什么呢？

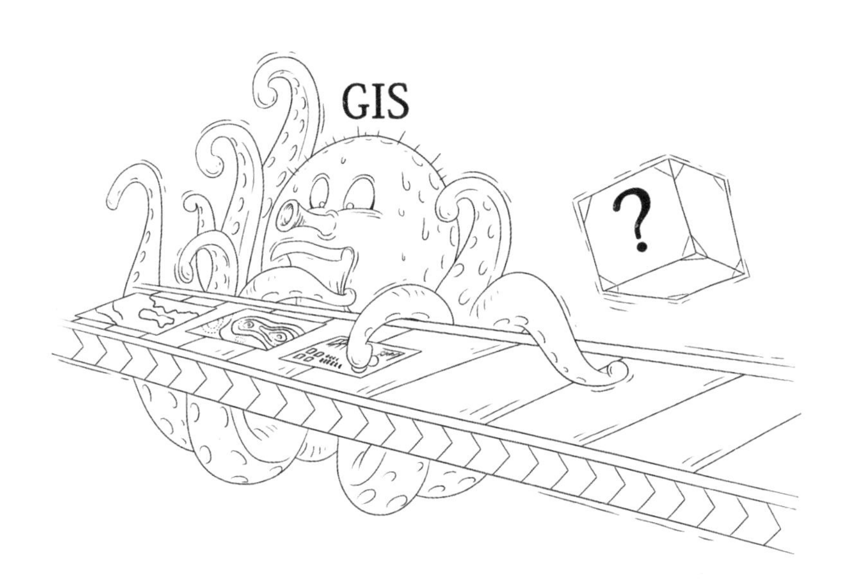

第一个 GIS 只能输出报表或者简单的地图，而今天的地理信息系统不仅仅能输出报表、纸质地图，还能通过鼠标、键盘、虚拟眼镜或数据手套等，直接操作屏幕中的电子地图，甚至进入虚拟的地球中进行探索。

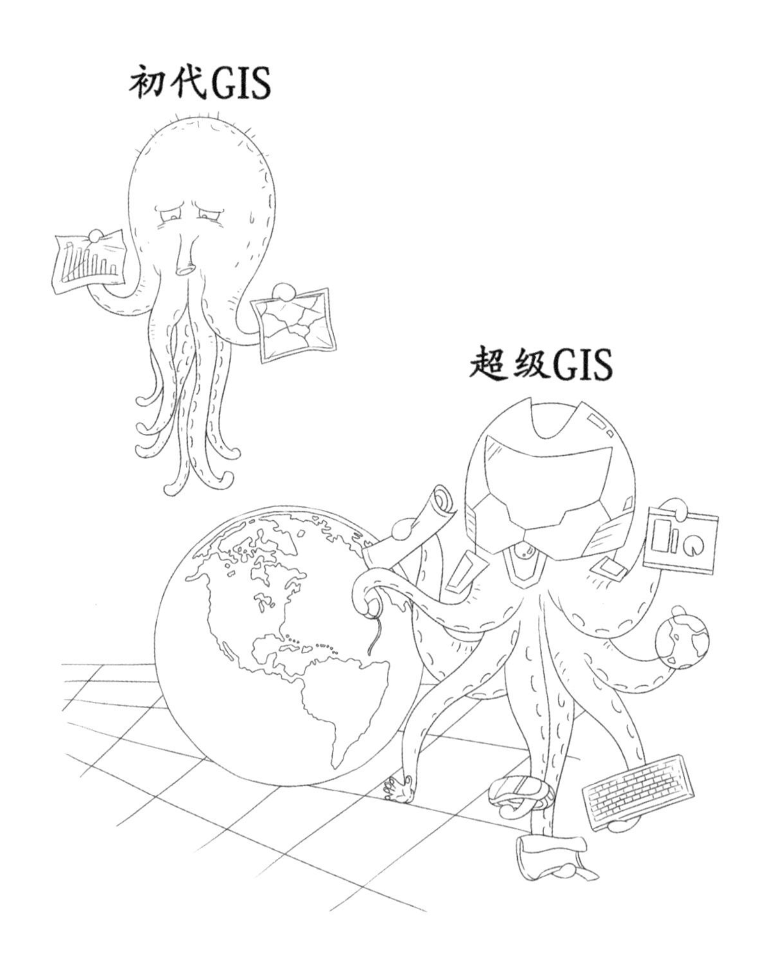

各式各样的地理数据，通过 GIS 的处理，以各类统计图表、专题地图、电子地图、三维虚拟地理环境等形式呈现出来，犹如 GIS 的“盛装”。在今天，这种处理有一个很酷的名字，叫作地理信息可视化。

地图是地理信息可视化中最古老也是最重要的一种形式。它到底有多古老呢？

甚至可以追溯到整个人类还在“牙牙学语”的“婴儿”阶段。

在法国南部蒙蒂尼亚克小镇的拉斯科洞穴存在大量的岩洞壁画（距今大约 17000 年），科研人员认为有些岩画和星空有着千丝万缕的联系。

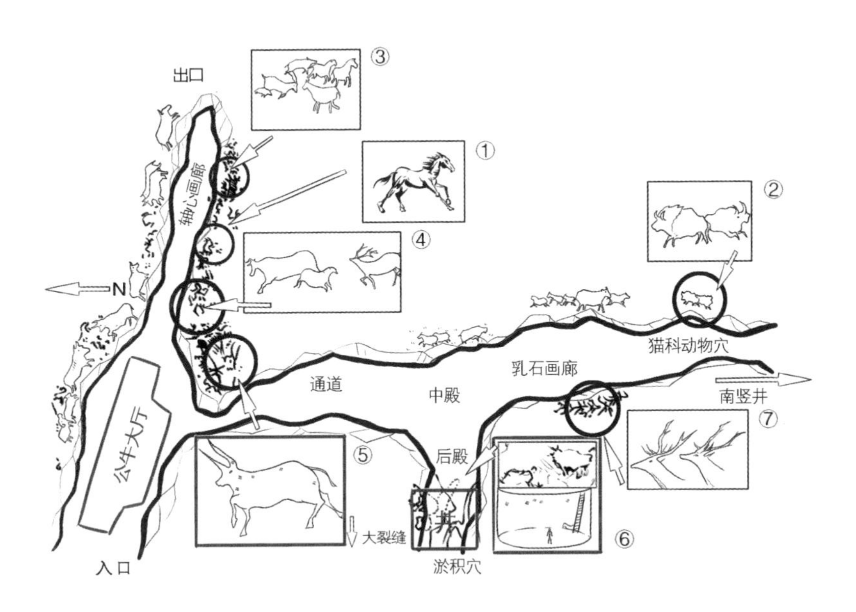

比如，非常有名的“公牛大厅”的岩画，在一群野牛的头顶上方有六个点，科研人员认为绘制的可能是金牛座附近非常明亮的昴（mǎo）星团，而野牛可能是金牛座遥远的前身。

还有一幅叫作亡人之井的岩画，绘制了三种不同的生物，分别是受伤的野牛、鸟人（鸟头人身）和树上的鸟，科研人员还有更为大胆的假说，认为它们的眼睛代表了织女星、天津四和牛郎星，它们也被称为夏季大三角。

陆续还有其他发现，在西班牙北部纳瓦拉的阿邦茨（Abauntz）洞穴里，有这么一块岩石，普通人最多会想这是哪个小子在石头上乱画。

可是科研人员硬是生生看出来一只“鹿”！

科技工作者进行了一顿“量测、加工、想象、绘图……”猛如虎的操作。

这个石头被还原成这样，还配上了图例！这些科技工作者认为：“这是一幅速写，描绘了山峰、河流以及古代原始人搜寻食物和狩猎的区域，距今 14000 年。”

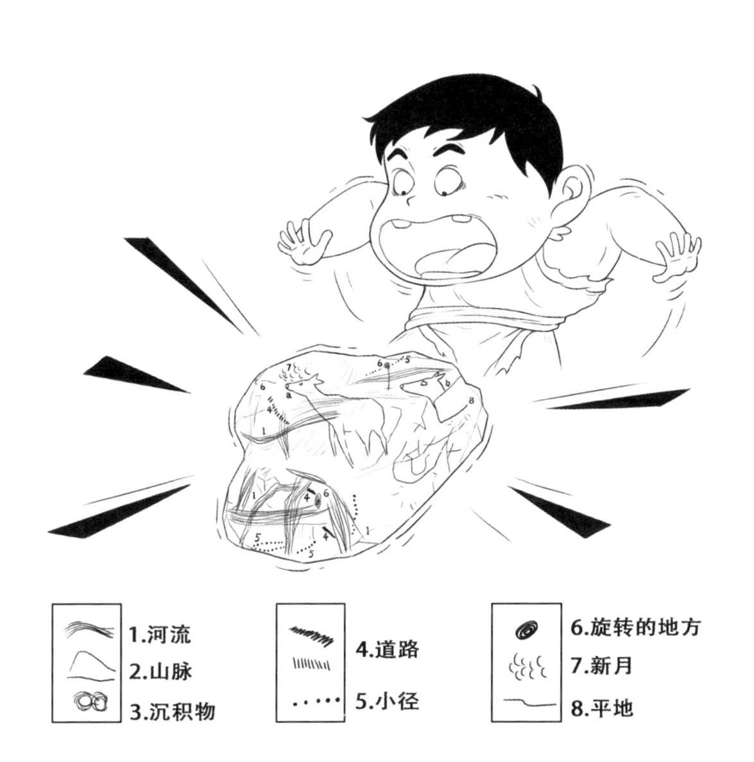

这些例子，小瓦不得不说，还需要考古学、人类学、天文学、地理学等多学科领域专家进一步研究论证，同时这些似图（地图）非图（地图）的原始壁画也尚未完全得到制图学家们的认可。

但是在土耳其中南部发掘出的加泰土丘（人类定居点遗迹）中的一面墙上的壁画，基本上都被认为绘制的是当时的村庄和村庄背后的火山。

这些原始绘画是不是地图呢？它显然不符合现代地图的标准。现代地图首先具有严格的数学基础，也就是可量测性。对照这个标准，法国的岩洞壁画，画的是不是星空图，还不能完全确定；西班牙的岩石壁画，鹿没有那么大，又不是恐龙；土耳其的壁画，能在上面量出来火山距离村庄有多远么？

随着人类由狩猎、游牧变成农耕和定居，文字也从早期的绘画和地图当中分离出来，但是地图和绘画还是混为一谈，不易区分。

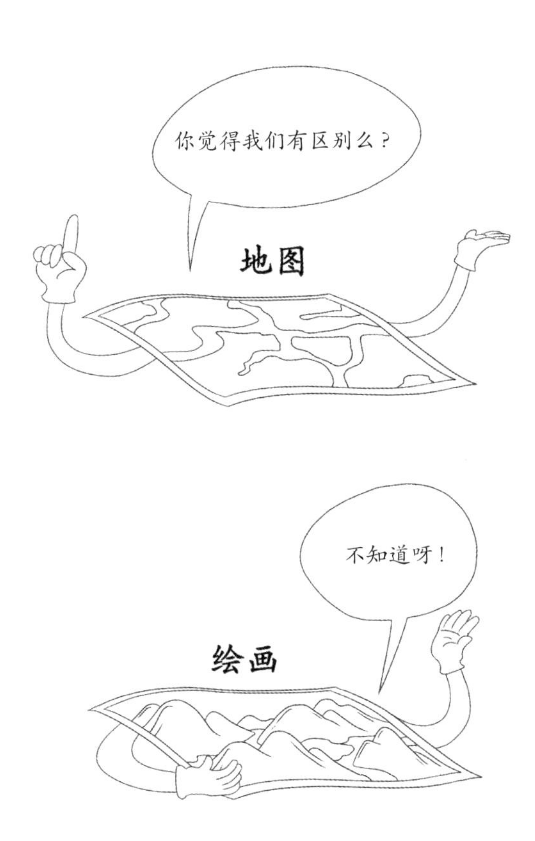

尼罗河水年年泛滥，土地界标消失，埃及人需要周期性地测量土地；苏美尔人通过观测星空，指导种植和收获庄稼。古代人类希望更加准确地刻画地理信息。

战国时期的中山王，对地理信息的精准有着更强烈的渴望……

他将陵园的设计刻画在铜版上，精确地标注了陵园各个部位的尺度，这就是后来传世的《兆域图》，是世界上现存最古老的可量测的平面设计图。

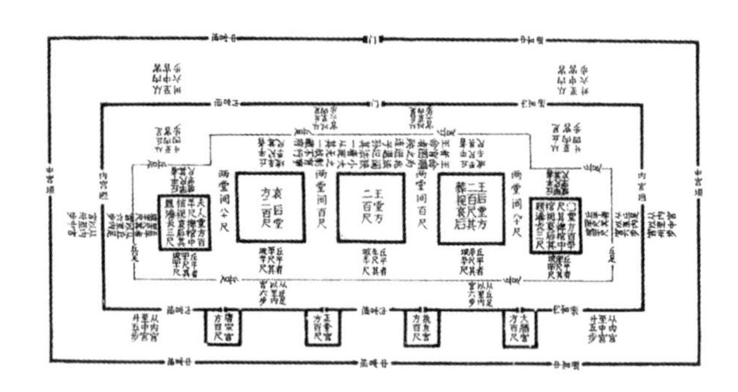

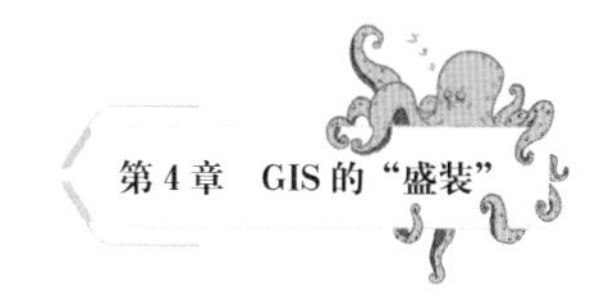

绘制一座陵园，王下一道诏书就可以做到，但是精准地绘制广袤的国家疆域，何其难也！ 但魏晋时期的裴秀做到了，他主持了晋朝初期大规模的地图编绘工作，更重要的是他将这些制图的实践总结出了一套理论。

这套理论就是大名鼎鼎的“制图六体”，可以说是当时世界上最科学最完善的制图理论，对中国乃至世界地图制作技术产生了深远的影响。只可惜老先生惜字如金，正文不足 300 字。

裴秀（公元 224—271 年）

虽然裴秀老先生亲手制作的地图都失传了，但是后人依据裴秀的“制图六体”以及“计里画方”的原则，刻在石壁上的《禹迹图》相当准确，海岸线、重要城市的位置和现代地图误差不大。

到了大航海时代，特别是近现代，随着人类对世界的认识更加完整和深入、数学等基础理论的完备，以及测绘技术的进步，地图变得更加精准，成为今天我们常见的现代地图。

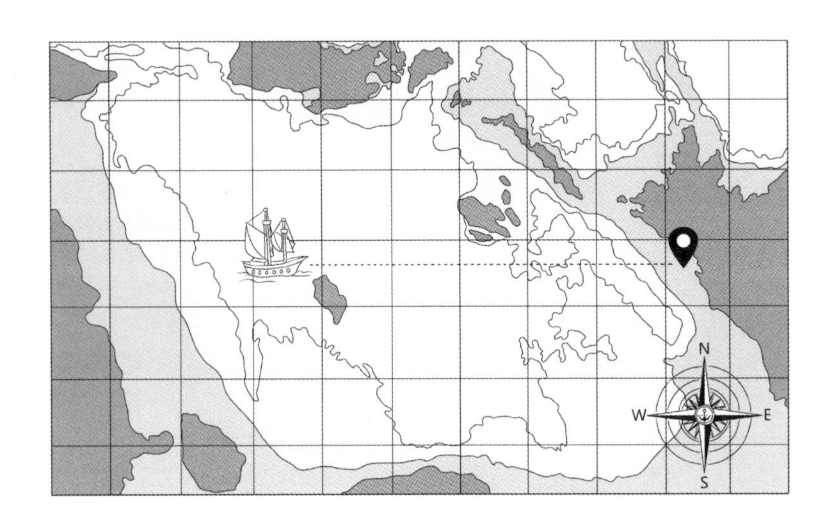

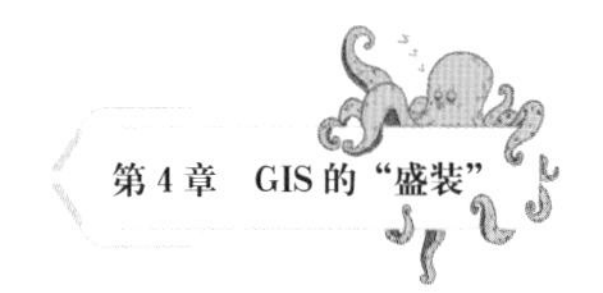

关于地图的发展，小瓦深感才疏学浅。喻沧和廖克院士编著的《中国地图学史》描述了从先秦一直到中华人民共和国成立以来的地图与地图学发展情况，全书有近 1000 页。小瓦希望能再与廖院士“微雨竹窗夜话，笑谈中外地图佳事”！

诚如王家耀院士所说……

在西方，从毕达哥拉斯到亚里士多德，再到埃拉托斯特尼，直至制图集大成者托勒密和墨卡托，都在不遗余力地思考，如何做出更“真实”的地图。随着文艺复兴和大航海时代的到来，西方的制图学彻底走上了定量化“科学”的道路。

当实测地图在科学的道路上一路狂奔时，西方也开始出现了统计学的萌芽。一说起统计学，想必很多同学都和小瓦一样，脑海里会浮现出饼图、柱状图、折线图等各类统计图表。这些统计图表的发明人威廉·普莱费尔（William Playfair）（1759—1823 年）是一位妥妥的“斜杠青年”。

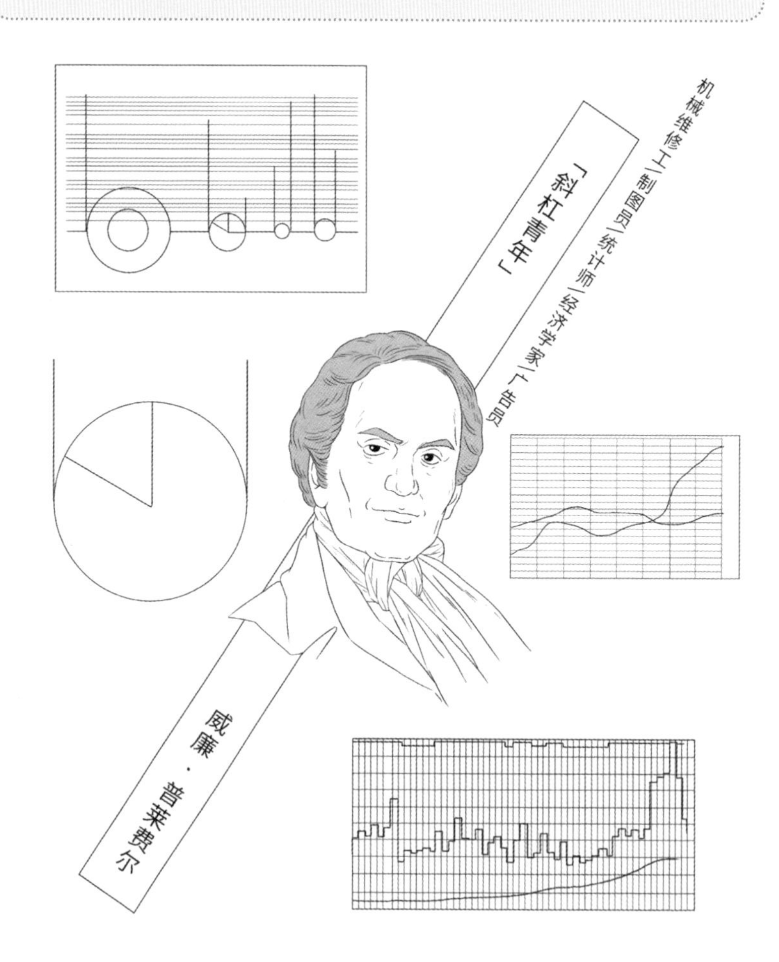

不要小看这些统计图表，在某些时候能挽救千万生命。这要从开创了现代护理专业的南丁格尔说起。克里米亚战争时期，她发现很多士兵并非是“战死沙场”，而是由于受伤后没有得到及时护理而失去性命。但如何说服军方高层做出改变呢？他们忙着打仗，哪有空去看几十页满是医学术语的文字报告呢？

南丁格尔可以将“斜杠青年”的直方图进一步发挥，但是这幅图给人什么印象呢？小瓦的感觉是冬季的死亡特别多，传染性疾病造成的死亡占比大。虽然这比文字有力得多，但要让当权者做出改变似乎还不够！

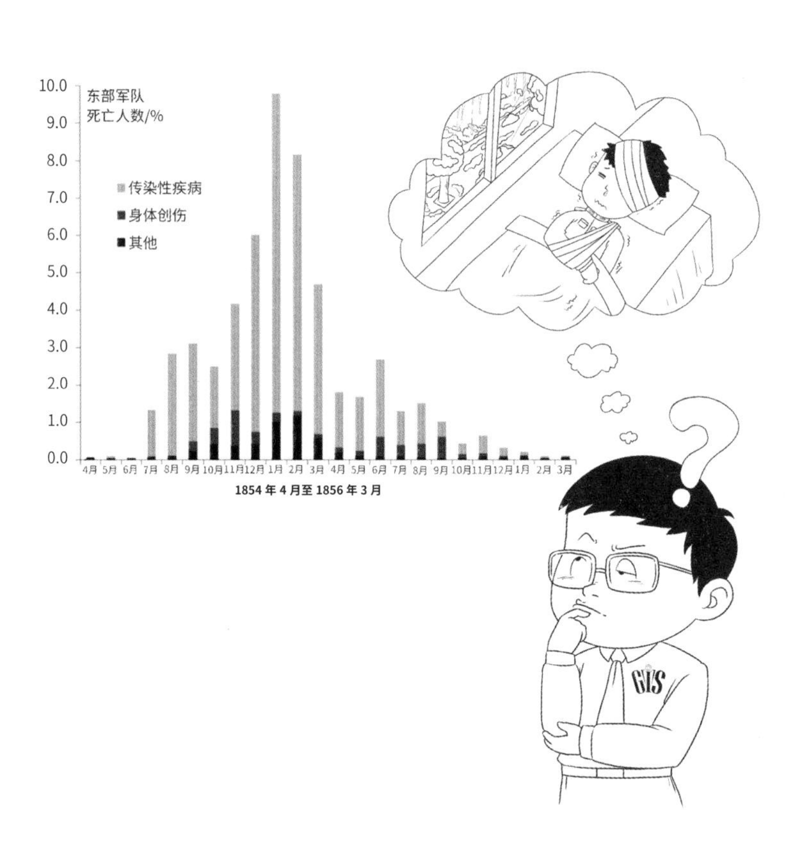

南丁格尔需要的是一幅直击灵魂的统计图，于是有了下面这幅著名的“玫瑰图”。这种漂亮且直揭问题核心的图用事实和证据让当权者信服，甚至得到维多利亚女王的关注，直接推动了英军的医疗改革。

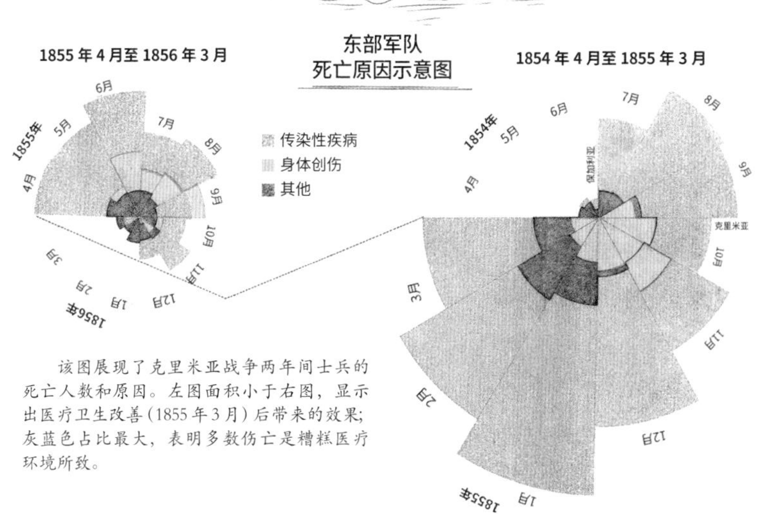

该图展现了克里米亚战争两年间士兵的死亡人数和原因。左图面积小于右图，显示出医疗卫生改善（1855年3月）后带来的效果；灰蓝色占比最大，表明多数伤亡是糟糕医疗环境所致。

随着各类统计图表制作市场的繁荣，制图师们不再满足只在地图上显示地理位置，他们要将统计数据表达在地图上，辅助人们分析决策，其中最为有名的就是伦敦霍乱地图。

19 世纪中期的伦敦，工业化导致卫生环境极差，霍乱盛行。大多数专家信奉“瘴气论”，而麻醉师约翰 · 斯诺则认为是水污染造成的。他在地图上标注出霍乱死亡病例的位置，这就是鼎鼎大名的“霍乱地图”，约翰 · 斯诺最后锁定疫情的源头是位于宽街（Broad Street）的水泵，从而遏制了霍乱的肆虐。

但小瓦要说，这样的说法并不全面，忽视了两个关键性的细节。细节一：约翰·斯诺的伦敦霍乱地图首先说服了亨利·怀特海德神父，神父找到伦敦首例霍乱病例和水井之间的直接联系，使得当地政府关掉了抽水泵。

细节二：斯诺并非唯一绘制霍乱地图的人，当时官方也绘制了霍乱地图（左图），与斯诺的地图（右图）相比是相当严谨，不仅标示了房子的门牌号，还标示了不同下水管道和每一处的集水孔等细节。但因为细节信息过多，水泵和周边死亡病例间的联系反而迷失了。

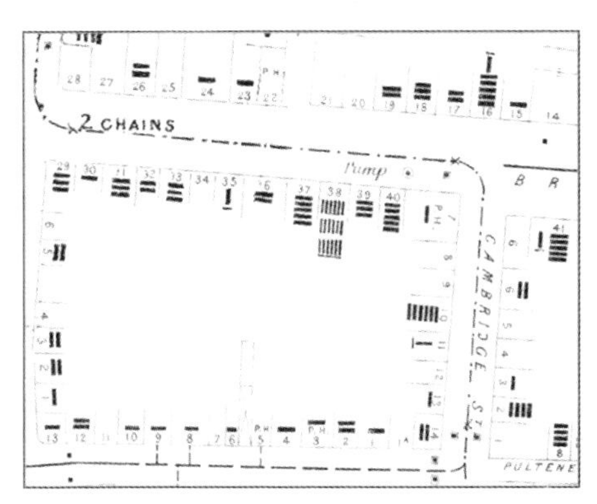

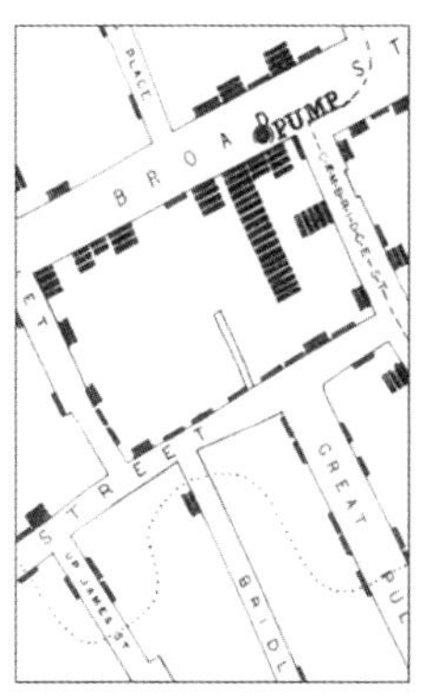

法国工程师查尔斯·约瑟夫·米纳尔（Charles Joseph Minard）在退休后开启了他传奇的可视化之路。他不拘囿于地图的准确性，将统计图表和地图完美地融合。这幅《拿破仑征俄示意图》直观简洁地描述了拿破仑军队的行军过程，完美诠释了“一图抵万言”。这种在地图上使用线条表示流动方向和数量的方法，称为流地图（flow map）表示法。

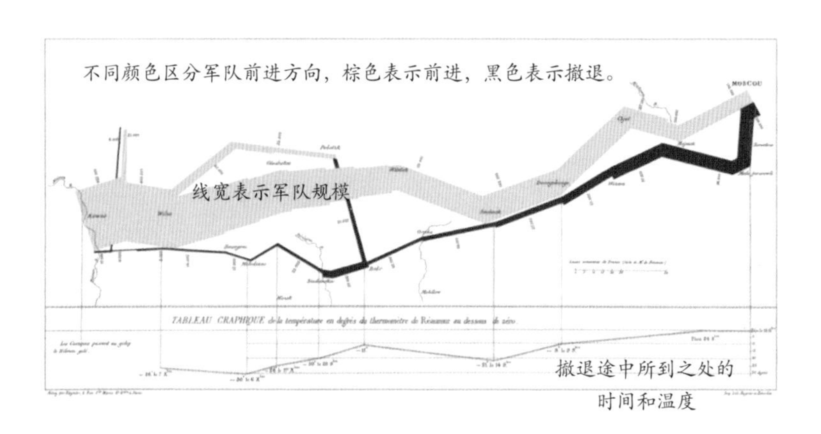

查尔斯创作的这幅 1850 年英国煤炭出口图采用流地图的形式，线宽表示煤炭数量。其中从英国到直布罗陀海峡这条线路的煤炭数量非常多，需要用很宽的线来表示，但直布罗陀海峡最宽处才 43 千米，在世界地图上是相当窄的。那么统计信息上应该画得“很宽”的线该如何通过地图上“很窄的”海峡呢？查尔斯的解决方法简单粗暴，直接在图上把直布罗陀海峡画宽，让这条海上线路硬生生穿过去。

查尔斯 · 约瑟夫 · 米纳尔

这还不算，这位大神接着在法国葡萄酒海运出口图中，将这种“爱咋画咋画”的画风发挥到了极致。不仅把直布罗陀海峡变宽，法国也变大了许多，更为夸张的是南美洲和非洲拉近到只能容下法国的葡萄酒海运了。可能这位大神也觉得太不严谨了，他把此类作品称为形象图（carte figurative）。通常他还会加上一个形容词“approximative”（大约、大概），貌似觉得这样就无懈可击了……

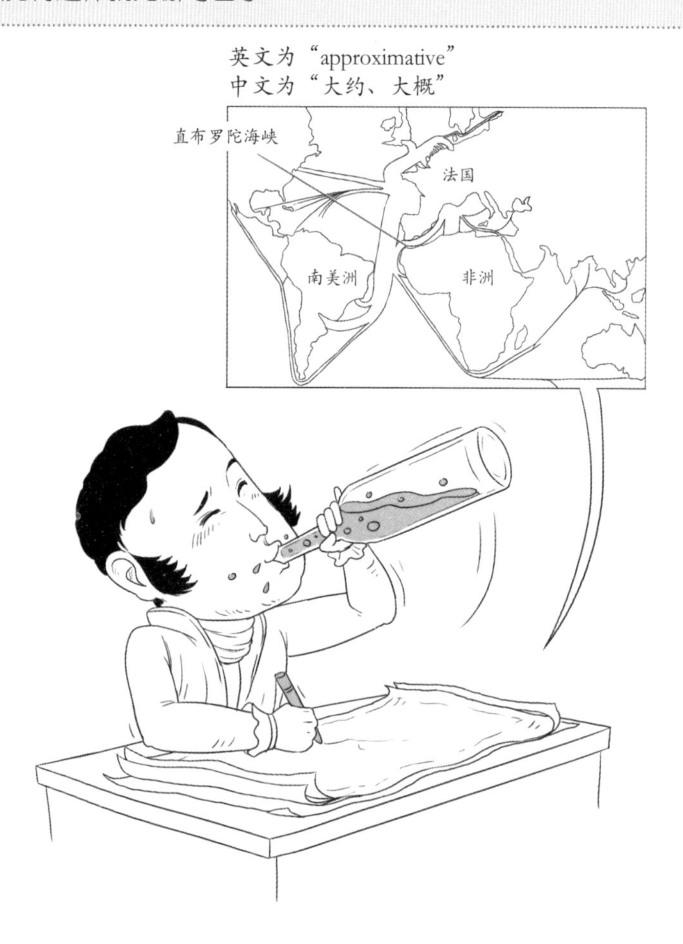

其实这种看似漫不经心的随意画风，背后隐藏了这位大神秉持的可视化真谛：为了传输信息（communication）！所有看似夸张的变形都是为了凸显这些流线，它们就像海洋上的一个巨大章鱼，延伸出无数的触角，每个触角都代表着不同的商贸物流，连接到了世界各地。至于背后的底图，鲜有人会去在意其形变和不准确。

英国电气工程师哈里·贝克（Harry Beck）同样也是“一切为了信息传输”，创作出了“横平竖直”样式的伦敦地铁图，定义了我们对地铁图的认知。他认为实际的距离并不是很重要，地铁在地下，重要的是让乘客知道在哪里上车和下车就可以了。

伦敦地铁图（1933年）

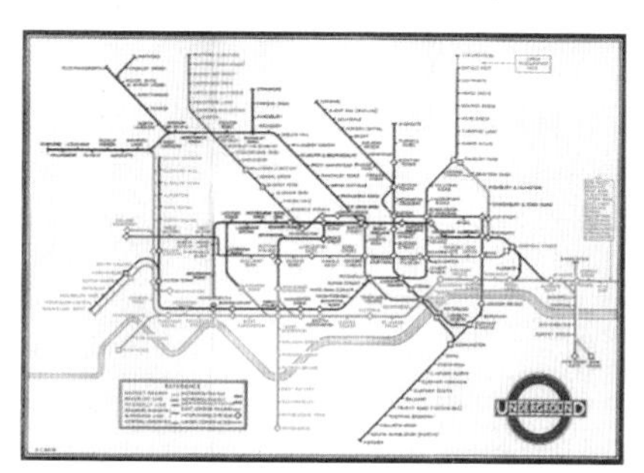

哈里·贝克
（1902—1974 年）

这个世界上有的地方很大，人很少；有的地方很小，人却很多。很多很多的人口在地图上可能只能“挤在”很小的角落里。因此，美国制图师欧文·劳伊斯（Erwin Raisz）在 1934 年抛弃真实的地理形状，仅保留相对位置关系，用矩形面积来表示人口数量，这种方法后来发展成了拓扑统计图（cartogram）表示法。

美国制图师欧文·劳伊斯
（1893—1968 年）

拓扑统计图不仅和欧文·劳伊斯有关，还和提出地理学第一定律的沃尔多·R.·托布勒有很深的渊源。

沃尔多·R.·托布勒
（1930—2018 年）

拓扑统计图还被中国科学院高俊院士提及。高俊院士在地图史上造诣深厚，除了《地图学四面体》等经典文章，还有很多敏锐和有趣的观点没有变成文字，期盼他老人家能做做“老高讲地图”。

时光荏苒，蓦然回首，计算机的出现，特别是 GIS 的发展，给地理数据可视化插上了翅膀，地图、统计图表从静态变成了动态……

从平面变成了立体……

从简单的浏览变成了可进入，可操作……

将计算机中的数字信息转换成各种图形图像，将定量计算和人的视觉相结合，更有助于科学家解决各种科学问题。美国国家科学基金会在 1987 年正式提出了科学可视化（visualization）的概念。

科学可视化关心的是，通过对数据和信息的探索和研究，从而获得对这些数据的理解和洞察。

随后，从科学可视化又逐渐发展出数据可视化、信息可视化、知识可视化等。但对于地图学家们来说，就蒙圈了，我们不是从上古时代就开始可视化了吗？我们不是一直在准与不准之间徘徊吗？我们不是一直在可视化吗？……

很快地图学家戴维·迪比亚西（David DiBiase）画了一幅图，强调了地图在整个科学研究过程中的作用。该过程包括数据探索、假设并确认数据间的关系、综合合成、结果的表达与呈现。可视化在这个过程的早期侧重于个人的视觉思维，后期侧重于研究结果的公众交流与传输。

戴维·迪比亚西

艾伦·M.·麦凯克伦（Alan M. MacEachren）教授受到这幅图的启发，将平面扩展到立方体，三个维度分别是私人范围到公开范围、揭示未知到展示已知、高的人图交互到低的人图交互。而迪比亚西的四个过程则变成了立方体中的四个球。

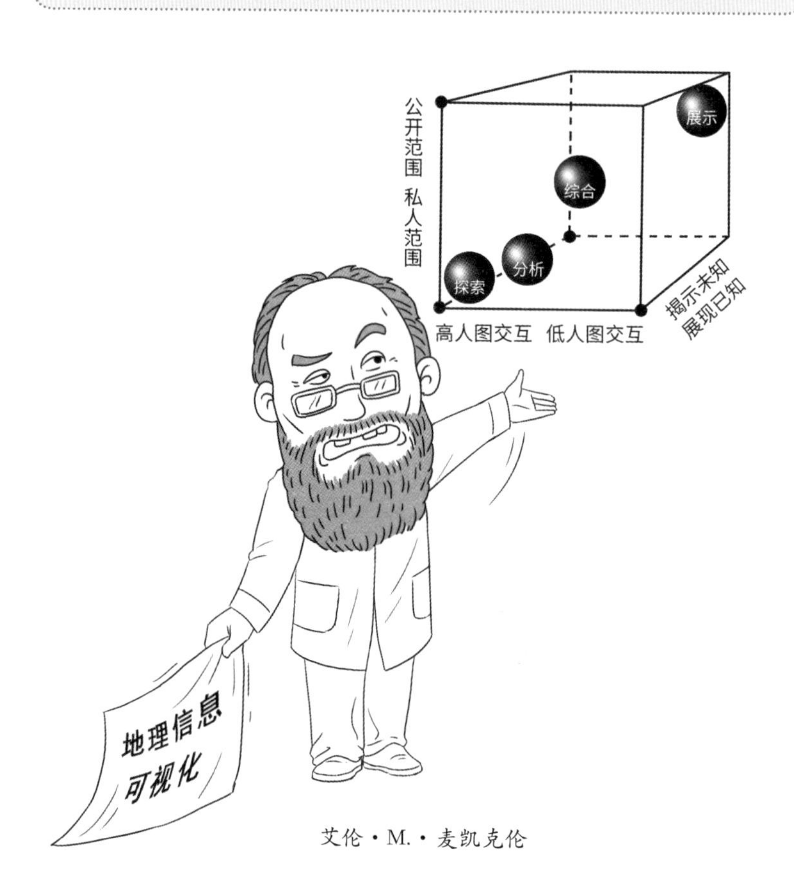

艾伦·M.·麦凯克伦

艾伦·M.·麦凯克伦教授提出了一个新的词汇：地理信息可视化（geovisualization）。自此，可视化大家族的拼图就完整了。

今天，GIS 与游戏引擎、人工智能、大数据技术深度结合，GIS 还在不断演变和进化，它还会给我们带来什么样的精彩，让大家和小瓦拭目以待吧！